Ivonne Mitreiter

Die Eisen-Konzentration im Porenraum

Ivonne Mitreiter

Die Eisen-Konzentration im Porenraum

NMR als Mittel zur Beobachtung der gelösten Eisen-Konzentration im Porenraum von Sedimenten

Südwestdeutscher Verlag für Hochschulschriften

Impressum / Imprint

Bibliografische Information der Deutschen Nationalbibliothek: Die Deutsche Nationalbibliothek verzeichnet diese Publikation in der Deutschen Nationalbibliografie; detaillierte bibliografische Daten sind im Internet über http://dnb.d-nb.de abrufbar.

Alle in diesem Buch genannten Marken und Produktnamen unterliegen warenzeichen-, marken- oder patentrechtlichem Schutz bzw. sind Warenzeichen oder eingetragene Warenzeichen der jeweiligen Inhaber. Die Wiedergabe von Marken, Produktnamen, Gebrauchsnamen, Handelsnamen, Warenbezeichnungen u.s.w. in diesem Werk berechtigt auch ohne besondere Kennzeichnung nicht zu der Annahme, dass solche Namen im Sinne der Warenzeichen- und Markenschutzgesetzgebung als frei zu betrachten wären und daher von jedermann benutzt werden dürften.

Bibliographic information published by the Deutsche Nationalbibliothek: The Deutsche Nationalbibliothek lists this publication in the Deutsche Nationalbibliografie; detailed bibliographic data are available in the Internet at http://dnb.d-nb.de.

Any brand names and product names mentioned in this book are subject to trademark, brand or patent protection and are trademarks or registered trademarks of their respective holders. The use of brand names, product names, common names, trade names, product descriptions etc. even without a particular marking in this works is in no way to be construed to mean that such names may be regarded as unrestricted in respect of trademark and brand protection legislation and could thus be used by anyone.

Coverbild / Cover image: www.ingimage.com

Verlag / Publisher:
Südwestdeutscher Verlag für Hochschulschriften
ist ein Imprint der / is a trademark of
AV Akademikerverlag GmbH & Co. KG
Heinrich-Böcking-Str. 6-8, 66121 Saarbrücken, Deutschland / Germany
Email: info@svh-verlag.de

Herstellung: siehe letzte Seite /
Printed at: see last page
ISBN: 978-3-8381-2922-8

Zugl. / Approved by: Leipzig, Universität, Diss., 2011

Copyright © 2012 AV Akademikerverlag GmbH & Co. KG
Alle Rechte vorbehalten. / All rights reserved. Saarbrücken 2012

Inhaltsverzeichnis

Inhaltsverzeichnis		**i**
1	**Einleitung**	**1**
2	**Grundlagen der NMR**	**5**
2.1	Theoretische Grundlagen	6
2.2	Relaxationsprozesse	7
	2.2.1 Relaxation in Füssigkeiten	7
	2.2.2 Relaxation in porösen Medien	8
	2.2.3 Zusammenfassung der verschiedenen Relaxationsanteile	8
2.3	Einfluss paramagnetischer Ionen	9
	2.3.1 Sauerstoff	9
	2.3.2 Eisen	10
2.4	Diffusometrie	10
	2.4.1 Theorie	11
	2.4.2 Selbstdiffusion in porösen Materialien	12
2.5	Ortsauflösung in der NMR	13
2.6	Pulssequenzen	13
	2.6.1 Hahnsches Spinecho	13
	2.6.2 CPMG	14
	2.6.3 Inversion Recovery	14
	2.6.4 Impulsfolgen für PFG NMR	15
	2.6.5 Inversion Recovery Spinecho Impulsfolge	17
2.7	Zweidimensionale NMR-Methoden	17
2.8	NMR-Spektrometer	18
3	**Geologische & Biochemische Grundlagen**	**19**
3.1	Redoxprozesse	20
3.2	Komplexe	21
3.3	Schadstoffe und Biologischer Abbau	22
3.4	Mikroorganismen	23
	3.4.1 Struktur von Biofilmen	23
	3.4.2 Biofilme und NMR	24
	3.4.3 Eisenoxidierende und eisenreduzierende Bakterien	24
3.5	Eisen in Grundwasser und Boden	26

3.5.1 Reaktionen als H^+-Quellen 26
3.5.2 Reduktion von Eisen(III)-Oxiden - Verbrauch von H^+ 27
3.6 Stand der Forschung NMR und Eisen 28
3.7 Numerische Methoden - Modellierung 29

4 Relaxation von paramagnetischen Substanzen und Ionen 33
4.1 Motivation 33
4.2 Probenmaterial und Vorgehensweise 33
    4.2.1 Herstellung der verwendeten Lösungen 34
    4.2.2 Verwendete Glaskugelschüttungen 35
    4.2.3 Durchführung und Auswertung der Messungen 35
4.3 Relaxation in Lösung 36
    4.3.1 Sauerstoff in Lösung 36
    4.3.2 Eisen(III) in Lösung 37
    4.3.3 Eisen(II) in Lösung 39
    4.3.4 Oxidation von Eisen(II) zu Eisen(III) in Lösung 40
4.4 Relaxation im porösen Medium 40
    4.4.1 Sauerstoff mit porösem Medium 40
    4.4.2 Eisen(III) mit porösem Medium 42
    4.4.3 Eisen(II) mit porösem Medium 43
4.5 Zusammenfassung 43

5 Relaxation in natürlichen Sanden 47
5.1 Motivation 47
5.2 Probenmaterial und Vorgehensweise 48
    5.2.1 Verwendete Sande 48
    5.2.2 Durchführung und Auswertung der Messungen 49
    5.2.3 Modellierung 50
5.3 Relaxation in natürlichen Sanden 50
    5.3.1 Relaxation in wassergesättigten Sanden 50
    5.3.2 Relaxation in Sanden mit gelöstem Eisen(III) 52
    5.3.3 Relaxation in Sanden mit ausgefälltem Eisen(III) 55
5.4 Auflösungsverhalten Eisen(III)-haltiger Mineralien in Sanden 56
    5.4.1 Berechnung der Eisen(III)-Gehalte 57
    5.4.2 Analyse der Zeitabhängigkeit der Mineralauflösung 59
    5.4.3 Analyse der räumlichen Abhängigkeit der Mineralauflösung 62
5.5 Zusammenfassung 65

6 Redoxreaktionen des Eisens 69
6.1 Motivation 69
6.2 Probenmaterial und Vorgehensweise 69
    6.2.1 Verwendete Chemikalien und Materialien 69
    6.2.2 Durchführung und Auswertung der Messungen 70
    6.2.3 Modellierung 70
6.3 Redoxreaktionen des Eisens in Lösung 71
    6.3.1 Oxidation in Lösung - durch Wasserstoffperoxid 71

	6.3.2 Reduktion in Lösung - durch Magnesiumspäne	72
	6.3.3 Reduktion in Lösung - durch Oxalsäure	75
	6.3.4 Reduktion in Lösung - durch Zinn(II)-chlorid	77
6.4	Redoxreaktionen des Eisens in natürlichen Sanden	79
	6.4.1 Ausfällung aus der Porenlösung - durch Zugabe einer Base	79
	6.4.2 Reduktion in Sanden - durch Zugabe von Magnesiumspänen	80
	6.4.3 Reduktion in Sanden - durch Zugabe von Zinn(II)-chlorid	81
6.5	Zusammenfassung	82

7 Mikroorganismen   85

7.1	Motivation	85
7.2	Probenmaterial und Vorgehensweise	86
	7.2.1 Verwendete Materialien	86
	7.2.2 Durchführung und Auswertung der Messungen	86
7.3	Relaxationsmessungen	88
7.4	Diffusionsmessungen	90
7.5	Zusammenfassung	93

8 Zusammenfassung und Ausblick   97

Literaturverzeichnis   101

A Verwendete Chemikalien & Materialien   111

B Modellierung – MIN3P-Eingabedateien   113

Abbildungsverzeichnis   137

Tabellenverzeichnis   141

Kapitel 1

Einleitung

Die Belastung des Grundwassers mit organischen und anorganischen Schadstoffen ist ein globales Umweltproblem. Demzufolge ist die Erforschung des Abbaus dieser Schadstoffe im Grundwasser sowohl in Laborexperimenten als auch an Feldstandorten ein weitreichendes Forschungsfeld. Neben der Abschätzung der von selbst stattfindenden Verringerung der Schadstoffbelastung gibt es auch Untersuchungen zum beschleunigten Abbau, z.b. durch Einbringen von Sauerstoff oder Mikroben in den Untergrund. Bei der natürlichen Selbstreinigung von Aquiferen ermöglicht der Prozess des mikrobiellen Abbaus von (organischen) Schadstoffen eine echte Verringerung der Schadstofffracht. Voraussetzung für das Funktionieren dieses mikrobiellen Abbaus ist eine aktive mikrobielle Population, die einen bestimmten Schadstoff umsetzen kann, und die Nachlieferung von Elektronenakzeptoren (z.B. Sauerstoff), seltener auch Elektronendonatoren, da diese laufend von der Abbaureaktion verbraucht werden. Es können auch Elektronenakzeptoren verbraucht werden, die in mineralischer Form vorliegen (z.B. Eisen(III) und Mangan(IV)). Der Schadstoffabbau wird normalerweise anhand von Säulenversuchen oder direkt im Feld untersucht. Dabei kann jedoch die Skala, in der die Prozesse stattfinden und die in der Regel klein ist gegenüber der Ausdehnung der Säulenlänge bzw. der Schadstofffahne, nicht berücksichtigt werden. Ferner sind die ablaufenden Prozesse sehr eng miteinander verbunden und können von den gängigen Messmethoden nicht aufgelöst werden.

Die magnetische Kernspinresonanz (NMR) hat sich in den letzten Jahrzehnten zunehmend als petrophysikalisches Verfahren zur zerstörungsfreien Charakterisierung poröser, fluidhaltiger Gesteine etabliert. NMR-Bohrlochmessungen (Kenyon, 1992) und NMR-Oberflächensondierungen (Schirov et al., 1991; Yaramanci et al., 1999) kommen bei der in-situ Untersuchung von Erdöl- und Erdgaslagerstätten sowie von Grundwasserleitern bereits standardmäßig zum Einsatz. Es lassen sich der Wassergehalt von Locker- und Festgesteinen sowie Böden bestimmen (Legchenko et al., 2002; Braun et al., 2009), und weiterhin Informationen über stoffliche Eigenschaften wie Porositäten, Permeabilitäten und hydraulische Durchlässigkeiten gewinnen (Müller et al., 2005; Mohnke und Yaramanci, 2008). Ferner findet die Untersuchung und Charakterisierung von Gesteinen und anderen porösen Medien im Labor, z.B. anhand von Bohrkernen (Schoenfelder et al., 2008), zunehmend mehr Anwendung. Die Weiterentwicklung der NMR zu einem bildgebenden Verfahren (MRI) erlaubt die Auflösung von Fließ- und Transportprozessen in porösen Materialien (Van As und van Dusschoten, 1997; Oswald et al., 1997) ebenso wie die Beobachtung der Metallanreicherung durch Pflanzenwurzeln (Moradi *et al.*, 2010). NMR-Labormessungen können nicht nur dazu beitragen, die Interpretation von NMR-Felddaten (z.B. aus Bohrlochmessungen & Oberflächensondierungen) zu verbessern, sie können auch genutzt werden, um neue Anwendungen der NMR-Technik zu erschließen. In den letzten Jahren haben Laborstudien gezeigt, dass NMR-Relaxationsmessungen für die Beobachtung von abiotischen Mineralisationsprozessen (Keating *et al.*, 2008) und von mikrobiell induzierten Änderungen des Porenvolumens in Böden (Jaeger *et al.*, 2006) angewendet werden können. Ausführlichere Anwendungsmöglichkeiten der NMR-Relaxometrie im Bereich der Bodenkunde beschreibt der aktuelle Review von Bayer *et al.* (2010).

Bei NMR-Untersuchungen werden die Gesteinseigenschaften indirekt über charakteristische Änderungen der NMR-Eigenschaften der Porenflüssigkeiten ermittelt. Die NMR-Methode nutzt die magnetischen Eigenschaften der sich in den Gesteinen befindenden Porenflüssigkeit. Dabei kommt fast ausschließlich die ^{1}H NMR zum Einsatz. Die Wasserstoffkerne (Protonen) besitzen ein magnetisches Moment. Somit können sie durch ein externes magnetisches Wechselfeld in Resonanz (Kernspinresonanz) angeregt werden. NMR-Experimente in Lösungen und wassergesättigten porösen Medien basieren auf der Beobachtung der Resonanz-Wechselwirkung zwischen den Wasserstoffatomen (Protonen) in der Lösung beziehungsweise Porenlösung und Hochfrequenz-Impulsen in einem starken äußeren Magnetfeld. Grundlage ist die Messung der Präzessionsbewegung der Protonen während ihrer Rückkehr oder Relaxation in den Gleichgewichtszustand. Drei Mechanismen, jeder durch eine Relaxationsrate beschrieben, tragen zur Gesamtrelaxation des Wassers in gesättigten porösen Medien bei: die Volumenrelaxation, die von der Konzentration an paramagnetischen Substanzen und Ionen in der Lösung abhängt, die Oberflächenrelaxation, die in Verbindung mit dem Oberfläche/Volumen-Verhältnis des Porenraums steht, und die Relaxation durch Diffusion in inhomogenen Magnetfeldern. In der NMR-Diffusometrie und Tomographie werden die unvollständige Refokussierung und die folglich verringerte Signalintensität in Abhängigkeit von extern angelegten Magnetfeldgradienten ausgenutzt, um die räumliche Verteilung der Porenflüssigkeit im porösen Medium und die damit verbundene Beeinflussung des Stofftransports zu charakterisieren.

In dieser Arbeit sollen die im Porenraum ablaufenden Prozesse, die beim biologischen Schadstoffabbau auftreten, auf Porenskala charakterisiert werden. Dazu wird die Methode der NMR eingesetzt, da sie die nicht-invasive und zerstörungsfreie Untersuchung verschiedenster Aspekte bietet. Mit Hilfe der NMR-Relaxometrie wird der Einfluss der Elektronenakzeptoren Sauerstoff und Eisen untersucht. Dies wird ermöglicht durch deren paramagnetische Eigenschaften (Mitreiter *et al.*, 2010). Mikroorganismen wie *Geobacter metallireducens* verbrauchen Eisen(III)-Ionen bei ihrer Atmung, weil sie Eisen(III)- zu Eisen(II)-Ionen reduzieren. Es werden Ausfall-, Versauerungs- und Reduktionsreaktionen des Eisen(III) in Wasser und im porösen Medium durchgeführt, um die mikrobielle Atmung zu simulieren. Diese Untersuchungen sollen zeigen, in welchem Umfang es möglich ist, die unterschiedlichen Signale von Eisen(III)- und Eisen(II)-Ionen zu nutzen, um beispielsweise aktive Abbauregionen und deren zeitliche Veränderung zu lokalisieren. Auch die Umkehrung dieses Prozesses, die Oxidation von Eisen(II)-Ionen, die zu einer Konzentrationserhöhung der gelösten Eisen(III)-Ionen führt, wird betrachtet. Diese Reaktion wird unabhängig vom mikrobiellen Abbau gesehen. Die zeitlich und räumlich aufgelöste Beobachtung der Relaxationszeiten erlaubt die Visualisierung von Konzentrationsänderungen paramagnetischer Ionen. Ebenfalls durch Messungen der Relaxationszeiten kann der Einfluss der Oberflächen poröser Medien beschrieben werden. NMR-Diffusionsmessungen an Lösungen und Biofilmen sollen eine Aufteilung des Wassers in freies Wasser und Wasser im Biofilm ermöglichen. All diese NMR-Relaxations- und Diffusionsmessungen und die Schlussfolgerungen aus ihnen können allerdings nicht gleichzeitig und nicht nur an einer Probe geschehen. Es ist ein der jeweiligen Fragestellung angepasster Probenaufbau zu verwenden. Die Messergebnisse werden mit einem reaktiven Transportmodell nachvollzogen, um die ablaufenden Prozesse besser zu verstehen und eine Übertragung der Erkenntnisse z.b. auf größere Skalen zu erlauben.

Die vorliegende Arbeit gliedert sich in zwei Hauptteile. Die ersten beiden Kapitel des ersten Hauptteils widmen sich den Grundlagen: In Kapitel 2 werden die Methoden der NMR, die im Zusammenhang mit der Arbeit Anwendung finden, vorgestellt. Kapitel 3 gibt einen Überblick über die geologischen und biochemischen Prozesse, die dieser Arbeit zugrunde liegen. An diesen ersten Hauptteil schließen sich die vier Ergebniskapitel des zweiten Hauptteils an. Beginnend mit der Relaxation von paramagnetischen Substanzen und Ionen in Lösung und in Modellmedien (Kapitel 4) wird danach in Kapitel 5 der Einfluss natürlicher Sande auf die Relaxation erläutert. Kapitel 6 widmet sich den Redoxreaktionen des Eisens in Lösung und in den Sanden. In Kapitel 7 werden Relaxations- und Diffusionsmessungen an Lösungen mit Mikroorganismen beschrieben. Das Kapitel 8 fasst die Ergebnisse der vorliegenden Arbeit abschließend zusammen.

Die detaillierten Ziele dieser Arbeit sind:

- Systematische Untersuchung des Einflusses der paramagnetischen Substanz (Sauerstoff) und der Ionen (Eisen(II,III)) auf die NMR-Relaxationszeiten in Lösung und im porösen Medium,
- Untersuchung des Einflusses der Oberflächen natürlicher poröser Medien (Sande) auf die NMR-Relaxation,
- Bestimmung gelöster Eisen(III)-Konzentration durch Relaxationszeitmessungen,
- Beobachtung der Relaxationszeiten sowohl in Lösung als auch in künstlichen und natürlichen porösen Medien mit und ohne den Einfluss von gelöstem Eisen(III),
- Untersuchung des Umsatzes von mineralisch gebundenem Eisen(III) von den Oberflächen natürlicher Sande,
- Anwendung von Redoxreaktionen mit Eisen(III) in wässriger Lösung und im natürlichen Sand zur Simulation der Konzentrationsänderung des Elektronenakzeptors Eisen(III),
- Visualisierung der Verteilung der Eisen(III)-Konzentration und deren Änderung durch die verschiedenen Prozesse mit zeitlicher und räumlicher Auflösung,
- Modellierung der oben beschriebenen Untersuchungen mit dem reaktiven Transportmodell MIN3P,
- Untersuchung der Diffusion von H^+ in der Wasserphase und im Biofilm und
- Messung der Entwicklung eines Biofilms im Porenraum.

Kapitel 2

Grundlagen der NMR

Die holländischen Physiker Pieter Zeemann und Hendric A. Lorentz untersuchten 1897 den Einfluss von Magnetfeldern auf die Spektrallinien und fanden dabei eine Aufspaltung dieser (Nobelpreis für Physik 1902). Der österreichische Physiker Wolfgang Pauli (Nobelpreis für Physik 1945) führte 1925 formal eine mathematische Größe ein, die später von George E. Uhlenbeck und Samuel A. Goudsmit physikalisch als Eigendrehimpuls bzw. Spin der Elektronen gedeutet wurde. Das auch Protonen magnetische Eigenschaften besitzen, fand der Amerikaner Otto Stern heraus (Nobelpreis für Physik 1943). Durch Experimente mit Atomstrahlen und Magnetfeldern wies 1939 Isidor I. Rabi (Nobelpreis für Physik 1944) den Spin von Atomkernen nach (Rabi, 1937). Die Entdeckung der so genannten kernmagnetischen Resonanz in kondensierter Materie (z.B. einem Wassertropfen) geht auf Felix Bloch und Edward M. Purcell zurück, denen 1945 unabhängig voneinander der erste experimentelle Nachweis gelang (Nobelpreis für Physik 1952) (Bloch et al., 1946; Purcell et al., 1946). Mit der Einführung der gepulsten Fourier-Spektroskopie (R.R. Ernst, Nobelpreis für Chemie 1991) und die technische Entwicklung von supraleitenden Magneten wurde die NMR (engl.: *nuclear magnetic resonance*) zu einem unentbehrlichen Analyseverfahren, das heute in vielen wissenschaftlichen Gebieten Anwendung findet. Neben der Aufklärung der Struktur und Wechselwirkung von Molekülen in der Chemie und Biochemie, der Erforschung von Diffusions- und Transportprozessen in der Physik wird das Prinzip der NMR vor allem als bildgebendes, diagnostisches Verfahren in der Medizin und Veterinärmedizin eingesetzt. Aber auch in den Material- und Geowissenschaften findet die NMR immer mehr Anwendung in der Untersuchung und Charakterisierung von synthetischen und natürlichen Materialien. Dabei spielen vor allem poröse Materialien eine wichtige Rolle. Neben der experimentellen Bestimmung von Wassergehalt, Porosität und Permeabilität von Sedimenten (Timur, 1969) ist der Einsatz bei Bohrlochmessungen (Kenyon, 1992) und zur Erkundung des Untergrunds mit Hilfe des natürlichen Erdmagnetfeldes (Yaramanci et al., 1999) möglich. Die Weiterentwicklung der NMR zu einem bildgebenden Verfahren (engl.: *magnetic resonance imaging*, MRI) erlaubt die Auflösung von Relaxationsunterschieden sowie Fließ- und Transportprozessen in porösen Materialien (Hall et al., 1986; Van As und van Dusschoten, 1997) ebenso wie die Charakterisierung mikrobieller Prozesse in Biofilmen (Lewandowski et al., 1993; Manz et al., 2003). Diese Beispiele zeigen, dass die NMR ein leistungsfähiges Verfahren ist, bei dem sowohl stationäre als auch dynamische Prozesse in-situ, im Inneren der Probe, zerstörungsfrei beobachtet werden können.

2.1 Theoretische Grundlagen

Jeder Atomkern mit einem Kernspin $\vec{I}$ besitzt ein damit verknüpftes magnetisches Moment $\vec{\mu}$

$$\vec{\mu} = \gamma \hbar \vec{I}, \tag{2.1}$$

wobei $\hbar$ das Planck'sche Wirkungsquantum ist ($\hbar = 6.626 \cdot 10^{-34}$ Js). Das kernspezifische gyromagnetische Verhältnis γ stellt dabei die Proportionalitätskonstante dar. Wird ein magnetisches Moment $\vec{\mu}$ in ein äußeres statisches homogenes Magnetfeld B_0 gebracht, das in z-Richtung orientiert ist, so wirkt auf $\vec{\mu}$ ein Drehmoment:

$$\frac{d\vec{\mu}}{dt} = \gamma \cdot \vec{\mu} \times \vec{B}. \tag{2.2}$$

Die Quantisierung führt beim Proton (Kernspinquantenzahl $I=\frac{1}{2}$) zu zwei möglichen Energiezuständen, einer parallelen und einer antiparallelen Spinausrichtung mit

$$E_{\uparrow\uparrow} = -\frac{1}{2}\gamma\hbar B_0 \tag{2.3a}$$

$$E_{\uparrow\downarrow} = +\frac{1}{2}\gamma\hbar B_0, \tag{2.3b}$$

wobei $m_z = \pm\frac{1}{2}\gamma\hbar$ die z-Komponente des magnetischen Moments des Protons darstellt. Energetisch wird die parallele Ausrichtung bevorzugt, wobei die Zustände im thermischen Gleichgewicht gemäß der Boltzmann-Verteilung besetzt sind. Übergänge zwischen den Zuständen sind möglich, die durch Absorption oder Emission eines Photons der passenden Energie

$$\Delta E = \hbar \omega = \gamma \hbar B_0 \tag{2.4}$$

oder der passenden Frequenz ω ausgelöst werden, die der Larmorfrequenz entspricht. Dabei ist die Larmorfrequenz abhängig von dem Produkt aus Magnetfeld und gyromagnetischem Moment:

$$\omega = \gamma \cdot B_0 \quad (Larmorgleichung). \tag{2.5}$$

Faktoren, die über die Verwendbarkeit der Atomkerne zur NMR-Messung entscheiden, sind die natürliche Häufigkeit, die Signalstärke und das gyromagnetische Verhältnis. Atome mit einem Kernspin von $I=\frac{1}{2}$ sind die wichtigsten Kerne für petrophysikalische Fragestellungen. Das ^1H Isotop besitzt ein sehr großes gyromagnetisches Verhältnis ($\gamma = 2{,}67 * 10^8 T^{-1}s^{-1}$) und erreicht mit dem größten Spinmoment auch die höchste Signalstärke.

Die Bloch'sche Theorie liefert eine makroskopische Beschreibung der magnetischen Resonanz, indem sie das Verhalten eines ganzen Ensembles von magnetischen Dipolen behandelt. Im Gleichgewicht ergibt sich eine makroskopisch messbare Magnetisierung $\vec{M}$, die als Summe aller Dipolmomente in einem Einheitsvolumen definiert ist:

$$\frac{d\vec{M}}{dt} = \sum_i^N \gamma \cdot (\vec{\mu}_i \times \vec{B}) = \gamma \cdot (\vec{M} \times \vec{B}). \tag{2.6}$$

Wird ein Hochfrequenzpuls (HF-Impuls) der richtigen Frequenz ω (Larmorfrequenz) eingestrahlt, so kann die Magnetisierung gekippt werden, wobei der Kippwinkel mit der Dauer des Pulses δ ansteigt. Für die NMR wichtige Pulse sind der $\pi/2$- und der π-Impuls, die die

Magnetisierung aus der Gleichgewichtslage in die x,y-Ebene bzw. in die z-Richtung drehen. Nach solchen Pulsen befindet sich das Spinsystem nicht mehr im thermischen Gleichgewicht, das energetisch angestrebt wird. Deshalb beginnen Relaxationsprozesse, die das Gleichgewicht wieder herstellen. Die Spin-Gitter- oder longitudinale Relaxation mit ihrer charakteristischen Relaxationszeit T_1 sorgt dafür, dass die z-Komponente der Magnetisierung M_z wieder ihren Gleichgewichtswert M_0 annimmt. Dieser Prozess wird vor allem durch die Wechselwirkungen der einzelnen Spins mit dem sie umgebenden Gitter verursacht.

Die vorhandene Magnetisierung in der x,y-Ebene zerfällt mit der Spin-Spin- oder transversalen Relaxationszeit T_2. Der verantwortliche Mechanismus beruht auf dem Energieaustausch zwischen den individuellen Spins. Gleichung 2.6 muss dementsprechend modifiziert werden, so dass sie nun Relaxationsterme enthält, welche die Rückkehr des Systems in seine thermische Gleichgewichtslage beschreiben:

$$\frac{\mathrm{d}\vec{M}}{\mathrm{d}t} = \gamma \cdot \vec{M} \times \vec{B} - \frac{M_x \vec{e}_x + M_y \vec{e}_y}{T_2} - \frac{(M_z - M_0)\vec{e}_z}{T_1}. \tag{2.7}$$

Für die einzelnen Komponenten der makroskopischen Magnetisierung ergibt sich

$$\frac{\mathrm{d}M_x}{\mathrm{d}t} = \gamma \cdot (\vec{M} \times \vec{B})_x - \frac{M_x}{T_2} \tag{2.8a}$$

$$\frac{\mathrm{d}M_y}{\mathrm{d}t} = \gamma \cdot (\vec{M} \times \vec{B})_y - \frac{M_y}{T_2} \tag{2.8b}$$

$$\frac{\mathrm{d}M_z}{\mathrm{d}t} = \gamma \cdot (\vec{M} \times \vec{B})_z - \frac{M_z - M_0}{T_1}. \tag{2.8c}$$

2.2 Relaxationsprozesse

Bloch (1946) führte die phänomenologischen Prozesse der Relaxation (T_1, T_2) ein, die die Rückkehr in die Gleichgewichtslage nach einer Auslenkung der makroskopischen Magnetisierung aus der z-Richtung beschreiben. Dabei lassen sich verschiedene Mechanismen unterscheiden, die im Folgenden erläutert werden.

2.2.1 Relaxation in Füssigkeiten

Die Relaxation in Flüssigkeiten oder auch Volumenrelaxation ($T_{1,2}^b$) spielt eine bedeutende Rolle in freien Flüssigkeiten aber auch bei Wasser in großen Poren, da das Wasser nur sehr wenig Kontakt mit der Oberfläche der Matrix hat. Sie entsteht durch Fluktuationen des lokalen Magnetfeldes am Ort eines Spins, hervorgerufen durch die Brown'sche Molekularbewegung der benachbarten Spins. Für einfache (niedrig viskose) Flüssigkeiten ist die Volumenrelaxation direkt proportional zum Quotienten aus Viskosität η und Temperatur T der Flüssigkeit (Bloembergen et al., 1948). Mit steigender Temperatur bzw. geringerer Viskosität des Fluids nimmt die Volumenrelaxation ab

$$\frac{1}{T_{1,2}^b} \propto \frac{\eta}{T} \cdot c(para). \tag{2.9}$$

Durch das Vorhandensein von paramagnetischen Ionen im Fluid kann die Relaxation jedoch noch stärker beeinflusst werden. Je größer die Konzentration an paramagnetischen Ionen $c(para)$, desto kürzer sind die Relaxationszeiten. Dies ist ein zentraler Aspekt der vorgestellten Arbeit und wird in Abschnitt 2.3 ausführlicher erläutert.

2.2.2 Relaxation in porösen Medien

Oberflächenrelaxation

Kommt ein Flüssigkeitsmolekül mit der Porenoberfläche in Kontakt, dann wird es in seiner Bewegung stark eingeschränkt. Es kommt zu einer Relaxation der Flüssigkeitsmoleküle an der Oberfläche. Die Anteile des Porenwassers, die sich direkt an der Grenze Pore/Matrix befinden (Haftwasser), relaxieren am schnellsten (Kenyon, 1992). Die Verkürzung der Relaxationszeiten durch die Matrixwand wird mit dem Begriff Oberflächenrelaxation ($T^s_{1,2}$) beschrieben. Für nicht zu große Poren bedeutet das, dass die Relaxation vom Verhältnis der Porenoberfläche zu Porenvolumen S/V abhängig ist (Brownstein und Tarr, 1979):

$$\frac{1}{T^s_{1,2}} = \rho_{1,2}\frac{S}{V}. \qquad (2.10)$$

Die Relaxationsstärke der Oberfläche wird durch die Oberflächenrelaxivität $\rho_{1,2}$ beschrieben, die für verschiedene poröse Materialien stark variieren kann und von der Effektivität der Relaxation innerhalb des Haftfluidfilms an der Porenoberfläche abhängt. Des Weiteren wird die Oberflächenrelaxation durch die Konzentration von paramagnetischen Zentren auf der Oberfläche der Gesteinsmatrix beeinflusst. Diese verursachen Magnetfeldinhomogenitäten, die zu einer schnellen Relaxation der Spins innerhalb des an der Porenoberfläche angrenzenden Haftfluidfilms und zur Verkürzung der Relaxationszeiten führen (vgl. Abschnitt 2.3).

Relaxation durch Diffusion in inhomogenen Magnetfeldern ("Diffusionsrelaxation")

Selbstdiffusion (Brown'sche Molekularbewegung) innerhalb von Magnetfeldinhomogenitäten oder Überlagerung des statischen Magnetfelds B_0 mit einem magnetischen Feldgradienten g, führt zu einem schnelleren Signalabfall. Die Diffusion verursacht eine Phasenverschiebung der präzidierenden Spins in der x,y-Ebene, wodurch die T_2-Relaxationszeit direkt beeinflußt wird. Auswirkungen auf die T_1-Relaxation durch diese "Diffusionsrelaxation" (T^d_2) gibt es demzufolge nicht. Es gilt:

$$\frac{1}{T^d_2} = \frac{1}{12}(\gamma \cdot g \cdot 2\tau)^2 D. \qquad (2.11)$$

Die Relaxation durch Diffusion in inhomogenen Magnetfeldern ist indirekt proportional zum Quadrat des Spinechoabstands, 2τ. Der Selbstdiffusionskoeffizient D beschreibt die Selbstdiffusion der Moleküle im Fluid. Bei geringen Feldgradienten g und kurzen Spinechoabständen ist der Relaxationsbeitrag infolge der Diffusion jedoch gering und somit wird die Relaxation hauptsächlich durch die Wechselwirkung mit der Porenoberfläche verkürzt (Kleinberg und Horsfield, 1990).

2.2.3 Zusammenfassung der verschiedenen Relaxationsanteile

Zusammenfassend ergeben sich die longitudinale Relaxationszeit (T_1) und die transversale Relaxationszeit (T_2) als Summe der oben beschriebenen Anteile (Summe der Relaxationsraten):

$$\frac{1}{T_1} = \frac{1}{T_1^b} + \frac{1}{T_1^s} \tag{2.12a}$$

$$\frac{1}{T_2} = \frac{1}{T_2^b} + \frac{1}{T_2^s} + \frac{1}{T_2^d}. \tag{2.12b}$$

2.3 Einfluss paramagnetischer Ionen

Seit Beginn der Untersuchungen mit NMR ist bekannt, dass paramagnetische Ionen einen großen Einfluss auf die Relaxation haben (Bloch et al., 1946). Dies wurde als störende Tatsache betrachtet und die Einflüsse sollten vermieden werden, indem beispielsweise Flüssigkeiten grundsätzlich vor NMR-Experimenten entgast wurden.
Paramagnetische Substanzen, wie Sauerstoff, Eisen-, Mangan- und Nickelionen, verkürzen die Relaxationszeiten durch die Ausbildung von stark fluktuierenden lokalen Dipolfeldern am Ort der Protonen. Die Quelle ist im magnetischen Moment der Elektronenhüllen der paramagnetischen Substanzen zu finden. Dies geschieht sowohl wenn die Ionen in Lösung als auch auf der Oberfläche der porösen Matrix auftreten (Bloch, 1951). Für paramagnetische Ionen in Lösung wurde die NMR-Theorie von Solomon (1955) entwickelt und von Bloembergen und Morgan (1961) erweitert. Es ergibt sich eine lineare Abhängigkeit der Relaxationsrate von der Konzentration an paramagnetischen Ionen (c)

$$\frac{1}{T_{1,2}} = \frac{1}{T_{1,2}^b} + R_{1,2} \cdot c. \tag{2.13}$$

$R_{1,2}$ sind dabei die Relaxivitäten der jeweiligen paramagnetischen Ionen und unter anderem abhängig von der magnetischen Feldstärke des verwendeten NMR-Gerätes (Hausser und Noack, 1965; Teng et al., 2001) und dem magnetischen Moment der Ionen.
Um die Relaxation an den Porenoberflächen zu beschreiben, erweiterten Kleinberg et al. (1994) die Theorie der Fluide unter Verwendung der Ideen von Korringa et al. (1962). Dabei schlossen sie den Effekt von paramagnetischen Zentren auf Oberflächen ein. Diese paramagnetischen Zentren verursachen auf mikroskopischer Skala Magnetfeldinhomogenitäten und führen somit zu einer Erhöhung der Oberflächenrelaxivitäten $\rho_{1,2}$ (Kenyon und Kolleeny, 1995). Die Anwesenheit paramagnetischer Ionen trägt zusätzlich zu einer Beeinflussung der Diffusionsrelaxation (T_2^d) bei. Im Rahmen der hier vorgestellten Arbeit wurden die Auswirkungen von gelöstem Sauerstoff und nicht elementarem Eisen auf die Relaxation von wässrigen Lösungen, meist in einem porösen Medium, untersucht.

2.3.1 Sauerstoff

Chiarotti et al. (1955) zeigten erstmals den Einfluss von gelöstem Sauerstoff (I=1) auf die Relaxationszeiten von Wasser und anderen Flüssigkeiten. Grucker (2000) nutzte Relaxationszeitmessungen um Sauerstoffkonzentrationen in Flüssigkeiten zu untersuchen und wendete diese Technik für verschiedene medizinische Anwendungen an. NMR-Relaxometriemessungen als mögliche analytische Methode stellten Nestle et al. (2003) vor und bestimmten Sauerstoffkonzentrationen in Sauerstoff-übersättigten Getränken. Der Konzentrationsbereich von gelöstem Sauerstoff im Wasser lag hier bei 10 bis etwa 150 mg/l.

2.3.2 Eisen

Eisen ist sowohl als Eisen(II) als auch als Eisen(III) ein häufig in geologischen Materialien vorkommendes Element, beispielsweise als Hämatit (Fe_2O_3), Magnetit (Fe_3O_4) oder Goethit (α-FeOOH). Dabei gibt es einen für die NMR sehr wichtigen Unterschied zwischen Eisen(II)- und Eisen(III)-Ionen: Gelöste Eisen(II)-Ionen und Eisenoxide mit Eisen(II)-Ionen haben einen Elektronenspin von $I=2$. Alle Eisen(III)-Ionen gelöst im Wasser oder gebunden in Eisenoxiden haben einen Elektronenspin von $I=\frac{5}{2}$. Dieser Unterschied im Elektronenspin ist der Grund dafür, dass Eisen(II)-Ionen einen wesentlich geringeren Einfluss auf die Relaxation von Wasser haben als Eisen(III)-Ionen. Bryar und Knight (2002) zeigten diesen unterschiedlichen Einfluss auf die Relaxationszeit T_1 am Beispiel der gelösten Eisen-Ionen.

Bisherige Untersuchungen an porösen Materialien (Foley et al., 1996; Bryar et al., 2000) haben gezeigt, dass eine Zunahme der Eisen(III)-Konzentration in der Festphase (sowohl als Belag auf der Oberfläche eines Korns als auch als separates Korn) zu einer Zunahme der Oberflächenrelaxivitäten $\rho_{1,2}$ und damit der Relaxationsrate führt. Dabei ist ρ_2 immer größer als ρ_1. Bryar et al. (2000) und Keating und Knight (2007) zeigten am Beispiel von Eisenoxid-Mineralien, dass die Oberflächenrelaxivitäten $\rho_{1,2}$ auch abhängig davon sind in welcher mineralogischen Form das Eisen(III) vorliegt.

Weiterhin kommt es durch den Suszeptibilitätsunterschied zwischen Matrix und Fluid zur Bildung von internen Gradienten, die wiederum zur Erhöhung der Diffusionsrelaxationsrate ($1/T_2^d$) führen. Mit steigender Konzentration an Eisenoxiden auf der Matrixoberfläche kommt es zu einem größeren Suszeptibilitätskontrast zwischen Matrix und Fluid. Der entstehende interne Gradient ist aber nicht nur von Konzentration, sondern auch in komplexer Weise von der Verteilung der sich auf der Matrixoberfläche befindlichen Eisenverbindungen abhängig (Zhang et al., 2003).

Bryar und Knight (2002) haben untersucht, ob eine Konzentrationsänderung von Eisen(III)-Ionen (FeOOH) resultierend aus der Oxidation von Fe^{2+}-Ionen ausreicht, um eine signifikante Änderung der T_1-Relaxationszeit herbeizuführen. Die Autoren zeigen, dass die Oxidation von weniger als 0,030 mg/g einer Fe^{2+}-Spezies zu Eisen(III)-oxidhydroxid zu einem Abfall in der Relaxationszeit um 30-50% führen kann. Somit kommen sie zu dem Schluss, dass NMR-Relaxationszeitmessungen genutzt werden können, um Änderungen in den Redoxzuständen mit Hilfe des Unterschiedes zwischen Eisen(II) und Eisen(III) zu beobachten.

2.4 Diffusometrie

Erste Spinecho-Experimente wurden von Hahn (1950) durchgeführt. Er konnte zeigen, dass in inhomogenen Magnetfeldern die Echoamplitude durch die molekulare Diffusion der Probenflüssigkeiten verringert wird. Genau dieser Effekt kann zur Messung des Selbstdiffusionskoeffizienten genutzt werden. Für die Messung der Selbstdiffusion führten Carr und Purcell (1954) eine spezielle Technik (Pulssequenz) ein, die durch Variation des Zeitintervalls zwischen den einzelnen Spinechos einer Folge die Bestimmung des Selbstdiffusionskoeffizienten erlaubt. (vgl. Abschnitt 2.6.2) Eine wichtige Entwicklung in der NMR ist die Einführung von gepulsten magnetischen Gradienten, der PFG NMR (engl.: pulsed field gradient), durch Stejskal und Tanner (1965). Damit wurde die Beobachtung von Transportmechanismen möglich, die in vielen Gebieten auch außerhalb der Physik Anwendung finden. Des Weiteren kann aus

PFG NMR Messungen und der Zeitabhängigkeit des Diffusionskoeffizienten das Oberflächen/ Volumen-Verhältnis in porösen Materialien bestimmt werden (Mitra et al., 1993).

2.4.1 Theorie

Die Brown'sche Molekularbewegung führt in einem sich im Gleichgewicht befindenden System zu einer permanenten Umverteilung der Moleküle. Dieser Prozess wird als Selbstdiffusion bezeichnet und durch die Diffusionsgleichung beschrieben (2. Fick'sches Gesetz):

$$\frac{\partial c^*(\vec{r},t)}{\partial t} = D\,\vec{\nabla}^2\,c^*(\vec{r},t) \tag{2.14}$$

wobei $c^*(\vec{r},t)$ die Konzentration von markierten Molekülen, deren Eigenschaften durch die Markierung nicht beeinflusst werden, in Abhängigkeit vom Ort $\vec{r}$ und der Zeit t darstellt. Der Proportionalitätsfaktor zwischen der zeitlichen und räumlichen Ableitung ist der Selbstdiffusionskoeffizient D (im Folgenden kurz Diffusionskoeffizient genannt). D ist im Allgemeinen ein Tensor, kann jedoch unter Annahme der räumlichen Isotropie als Skalar geschrieben werden.
Unter der Anfangsbedingung, dass sich alle (markierten) Teilchen in einem homogenen System zum Zeitpunkt $t = 0$ in einer Punktquelle am Ort $r = r_0$ befinden, d. h. $c^*(\vec{r}, 0) = \delta(\vec{r} - \vec{r_0})$, ergibt sich die Lösung der partiellen Differentialgleichung (2.14) als Gaussverteilung

$$P(\vec{r},\vec{r_0},t) \equiv c^*(\vec{r},t) = \frac{1}{\sqrt{(4\pi Dt)^3}} \exp\left(-\frac{(\vec{r}-\vec{r_0})^2}{4Dt}\right). \tag{2.15}$$

Dabei wird $P(\vec{r},\vec{r_0},t)$ als Propagator bezeichnet (Kärger und Heink, 1983). Er beschreibt die bedingte Wahrscheinlichkeitsdichte, dass ein markiertes Molekül, welches sich zum Zeitpunkt $t = 0$ am Ort r_0 befand, zum Zeitpunkt t im Volumenelement dr^3 am Ort $\vec{r}$ zu finden ist. Die Verteilung der markierten Moleküle im betrachteten Gebiet schreitet dabei mit zunehmender Zeit umso schneller fort, je größer der Diffusionskoeffizient D ist.
Mit der Kenntnis des Propagators ist es möglich die mittlere quadratische Verschiebung $(\vec{r}-\vec{r_0})^2$ eines Teilchens zu berechnen (Zeit $t = \Delta$) (Einsteinbeziehung):

$$(\vec{r}-\vec{r_0})^2 = \langle \vec{r}^2(t)\rangle = 6D\Delta. \tag{2.16}$$

Diese Gleichung stellt den Zusammenhang zwischen dem gemittelten Verschiebungsquadrat und der Beobachtungszeit in einem homogenen, unendlich ausgedehnten Raum her. Die Einsteinbeziehung kann alternativ zur Diffusionsgleichung auch als Definition für den Diffusionskoeffizienten D betrachtet werden.

PFG NMR Messungen erlauben die unmittelbare Messung der mittleren quadratischen Verschiebung der Moleküle in Abhängigkeit von der Beobachtungszeit. Dies ermöglicht die experimentelle Bestimmung des Diffusionskoeffizienten D aus Gleichung 2.16, ohne die Diffusionsgleichung lösen zu müssen. Besonders in porösen Materialien ist dies von Vorteil, da es aufgrund der komplexen geometrischen Struktur der Poren/Matrix-Grenzflächen oft nicht möglich ist, die Diffusionsgleichung zu lösen.

2.4.2 Selbstdiffusion in porösen Materialien

In porösen Systemen sind die Wände der Poren von Bedeutung, so dass der mittlere Propagator von der Normalverteilung (Gl. 2.15) abweichen kann. Aus der Einsteinbeziehung (Gl. 2.16) kann jedoch ein zeitabhängiger, so genannter effektiver Selbstdiffusionskoeffizient $D_{eff}(t)$ definiert werden:

$$D_{eff}(t) \equiv \frac{\langle \vec{r}^2(t) \rangle}{6t}. \quad (2.17)$$

Dabei kann unter gleichen Bedingungen $D_{eff}(t)$ nicht größer als der Diffusionskoeffizient im freien Fluid D_0 sein.

Die Zeitabhängigkeit von $D_{eff}(t)$ ist abhängig vom jeweiligen porösen System. Sie kann jedoch vereinfacht werden, indem die Beziehung zwischen dem Diffusionsweg $l_{Dif}(t) = \sqrt{\langle \vec{r}^2(t) \rangle}$ und einer für das poröse System typischen Länge (z.B. Porenradius) R betrachtet wird. Stallmach (2004) und Stallmach und Galvosas (2006) unterscheiden die folgenden vier verschiedenen Diffusionsregimes:

- **Unbehinderte Diffusion**, $l_{Dif}(t) \ll R$
  Der Diffusionsweg ist gegenüber dem Porenradius sehr klein. Die diffundierenden Moleküle bemerken den Einfluss der Porenwände nicht. Die Einsteinbeziehung (Gl. 2.16) ist gültig. Der effektive Diffusionskoeffizient entspricht dem Diffusionskoeffizienten der freien Flüssigkeit.

- **Näherung für kurze Beobachtungszeiten**, $l_{Dif}(t) \lesssim R$
  Mit zunehmender Beobachtungszeit werden die Moleküle, die sich in unmittelbarer Nähe zur Porenwand befinden durch deren Einfluss behindert. Ihr Anteil ist proportional zum Produkt aus der Grenzfläche und dem Diffusionsweg und wächst mit der Wurzel aus der Beobachtungszeit an (Mitra und Sen, 1992; Mitra et al., 1992, 1993):

$$\frac{D_{eff}(t)}{D_0} = 1 - \frac{4}{9\sqrt{\pi}} \frac{S}{V} \sqrt{D_0 t} + ... \quad (2.18)$$

  Aus dieser Gleichung kann somit das Oberflächen/Volumen-Verhältnis S/V bestimmt werden.

- **Lange Beobachtungszeiten, keine vollständige Behinderung**, $l_{Dif}(t) \gg R$
  Besteht eine Verbindung zwischen den einzelnen Poren, kann der Diffusionsweg größer als die charakteristische Länge R werden. Ist der effektive Diffusionskoeffizient für lange Beobachtungszeiten Δ dann noch unabhängig von der Beobachtungszeit (Latour et al., 1993) und D_{eff} nicht wesentlich kleiner als D_0, so wird das Verhältnis D_0/D_{eff} durch die Tortuosität τ des Porenraumes bestimmt. Es gilt

$$\frac{D_0}{D_{eff}} = \tau. \quad (2.19)$$

- **Lange Beobachtungszeiten, vollständige Behinderung,**
$l_{Dif}(t \to \infty) \gg f(R)$
Besteht keine Verbindung zwischen den einzelnen Poren, kann die Diffusion nur innerhalb der abgeschlossenen Porenräume stattfinden. Der Diffusionsweg für lange Beobachtungszeiten ist demzufolge ausschliesslich von der Porengeometrie abhängig. Für kugelförmige Poren mit dem Radius R_K gilt beispielsweise

$$D_{eff}(t) = \frac{R_K^2}{5t}. \tag{2.20}$$

Mit Hilfe dieser Gleichung kann in einem solchen Diffusionsregime, in dem der effektive Diffusionskoeffizient proportional zu $1/t$ ist, der Porenradius bestimmt werden.

2.5 Ortsauflösung in der NMR

Die NMR erlaubt weiterhin die Beobachtung der räumlichen Verteilung der Kernspins. Die Einführung der ortsauflösenden (und bildgebenden) NMR (Magnetresonanztomographie MRT) geht auf Lauterbur (1973) und Mansfield und Grannell (1973) zurück. Grundlage ist die Ortsabhängigkeit der Larmorfrequenz bei Verwendung von Feldgradienten (Gl. 2.5), die in der Probe ortsabhängige Frequenz- und Phasenunterschiede generieren. Die Larmorfrequenz ω wird so abhängig vom Ort z in Richtung des Gradienten, die der Richtung des statischen Magnetfeldes B_0 entsprechen soll,

$$\omega_z(r) = -(\gamma B_0 + \vec{G}\vec{r}). \tag{2.21}$$

Existiert an jedem Ort der Probe ein anderes Feld und damit auch unterschiedliche Resonanzfrequenzen, kann durch eine Frequenzanalyse jeder Frequenz und Phase ein Ort zugeordnet werden. Die NMR-Signale werden mit Hilfe einer Fouriertransformation auf die Frequenzbestandteile hin analysiert und in (in diesem Fall) eindimensionale Spektren dargestellt, welche die räumliche Verteilung der Kernspins abbilden.

2.6 Pulssequenzen

Nach einer geeigneten Anregung, z.B. nach einem $\pi/2$-Impuls, präzidiert die makroskopische Magnetisierung in der xy-Ebene und ist genau dann durch eine in der HF-Spule induzierten Spannung nachweisbar. Das schnelle Abklingen dieser Oszillation wird als FID (engl.: *free induction decay*) bezeichnet. Aus diesem FID allein lassen sich in der Praxis die Relaxationszeiten nicht oder nur unzureichend genau bestimmen. Deswegen gibt es an das jeweilige Problem angepasste Pulsfolgen. Die im Rahmen dieser Arbeit verwendeten Pulssequenzen werden im folgenden Abschnitt kurz vorgestellt.

2.6.1 Hahnsches Spinecho

Das Hahnsche Spinecho (Abb. 2.1) wurde von Hahn (1950) entwickelt und stellt die Grundlage für einige andere Pulssequenzen dar. Ein $\pi/2$-Impuls bewirkt das Umklappen der makroskopischen Magnetisierung in die x, y-Ebene. Es folgt ein Auffächern der Quermagnetisierung infolge von Feldinhomogenitäten sowie ein Verlust der Phasenbeziehung durch die transversale Relaxation. Durch beide Prozesse nimmt der Betrag der transversalen Magnetisierung mit der Zeit ab. Nach einer Wartezeit τ wird ein π-Impuls angewendet und somit werden die magnetischen Momente in die negative y-Richtung gekippt. Nach wiederum der Zeit τ kommt es zur Refokussierung derjenigen Teilmagnetisierungen, deren Phasenbeziehungen erhalten geblieben, d.h. noch nicht mit T_2 irreversibel zerfallen, sind. Die wieder aufgebaute transversale Magnetisierung läßt sich als Spinecho nachweisen. Die Intensität des Echosignals hängt demzufolge allein von der T_2-Relaxationszeit ab. Im Rahmen dieser Arbeit wurden die T_2-Relaxationszeiten jedoch mit Hilfe der CPMG-Impulsfolge bestimmt.

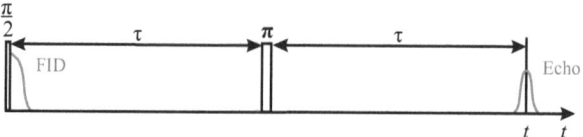

Abb. 2.1: Hahnsches Spinecho.

2.6.2 CPMG

Die CPMG-Impulsfolge (Abb. 2.2) wurde von Carr und Purcell (1954) entwickelt und von Meiboom und Gill (1958) modifiziert. Dabei wird das Hahnsche Spinecho durch eine Serie von π-Impuls erweitert, die jeweils bei $t = n2\tau$ angewendet werden. Die CPMG-Impulsfolge besteht demzufolge aus einem $\pi/2$-Impuls zum Zeitpunkt $t = 0$, gefolgt von einem π-Impuls im Abstand τ und weiteren π-Impulsen im Abstand von 2τ. Es erscheint zentriert zwischen den π-Impulsen jeweils ein Echo. Nach jedem π-Impuls nimmt die Echo-Amplitude, hervorgerufen durch die transversale Relaxation, um einen charakteristischen Wert ab. Dieser zeitabhängige Magnetisierungszerfall wird im CPMG-Experiment aufgezeichnet

$$M_{x,y}(t) = M_0(x,y) \cdot e^{-\frac{t}{T_2}} \qquad (2.22)$$

und erlaubt somit die Bestimmung der transversalen Relaxationszeit T_2.

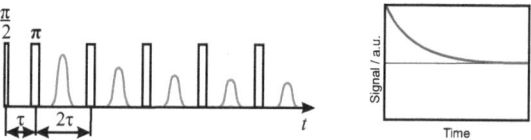

Abb. 2.2: CPMG Pulssequenz und das NMR Signal.

2.6.3 Inversion Recovery

Bei der Inversion Recovery Impulsfolge (Abb. 2.3) wird zunächst ein initialisierender π-Impuls und nach einem Zeitintervall t' ein $\pi/2$-Impuls angewendet. Der π-Impuls invertiert die Magnetisierung und lenkt sie antiparallel zu $\vec{B}_0$ aus. Anschließend erfolgt die Relaxation in longitudinaler Richtung bis zur Zeit t'. Der $\pi/2$-Impuls bewegt die Magnetisierung in die transversale

Ebene, wo eine direkte Messung möglich ist. Der zeitliche Verlauf der Magnetisierung $M_z(t)$ wird beschrieben durch

$$M_z(t) = M_0 \cdot \left(1 - 2 \cdot e^{-\frac{t}{T_1}}\right). \qquad (2.23)$$

Mit der Inversion Recovery Impulsfolge wird die longitudinale Relaxationszeit T_1 bestimmt.

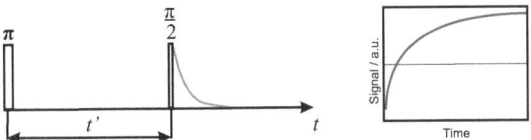

Abb. 2.3: Inversion Recovery Pulssequenz und das NMR Signal.

2.6.4 Impulsfolgen für PFG NMR

Durch das Hinzufügen von HF-Impulsen sowie gepulster magnetischer Feldgradienten kann das NMR-Experiment so eingerichtet werden, dass die detektierte Magnetisierung von der Verschiebung der Moleküle aus ihrer Ausgangsposition während der Beobachtungszeit Δ abhängt. Damit wird über Gleichung 2.16 der Diffusionskoeffzient D des verwendeten Fluids zugänglich.

Hahnschen Spinechos mit gepulsten Feldgradienten

Die Verwendung von zwei gepulsten magnetischen Feldgradienten der Amplitude G und Dauer δ für das oben beschriebene Hahnsche Echo schlugen erstmals Stejskal und Tanner (1965) vor (Abb. 2.4). Der erste Gradient (zwischen dem $\pi/2$ und dem π-Impuls) führt zur Dephasierung und damit zu einer ortsabhängigen Phasenmarkierung der spintragenden Teilchen. Ein zweiter, identisch gepulster Feldgradient zwischen dem π-Impuls und dem Spinecho, führt in Verbindung mit der invertierenden Wirkung des π-Impulses zur Rephasierung der Magnetisierung. Kommt es während der Beobachtungszeit Δ zwischen beiden Feldgradienten zur Verschiebung der Teilchen, bleibt die Rephasierung unvollständig, was zu einer Abnahme des detektierten Spinechosignals führt. Diese Signaldämpfung ist also ein Maß für die Verschiebung der Teilchen. Um Aussagen über mittlere quadratische Verschiebungen beziehungsweise Diffusionskoeffzienten von Molekülen zu gewinnen, muss die Abhängigkeit des detektierten Signals von den gepulsten magnetischen Feldgradienten bekannt sein. Ein Ansatz, um zu dem gesuchten Zusammenhang zu kommen, geht von den Bloch-Torreyschen Gleichungen aus. Mit Hilfe der Spinechodämpfung, d.h. der Abnahme der Spinechoamplitude in Abhängigkeit von der schrittweise erhöhten Intensität der magnetischen Feldgradienten, ist der Diffusionskoeffzient bestimmbar:

$$\Psi = \frac{M(b)}{M_0} = e^{-bD} \quad mit \quad b = \gamma^2 \delta^2 (\Delta - \tfrac{1}{3}\delta)\vec{G}^2. \qquad (2.24)$$

Dabei ist $\vec{G}^2$ das Quadrat der Amplitude der gepulsten Feldgradienten. Mit $\frac{1}{3}\delta$ wird die Diffusion während des Zeitraums der gepulsten Feldgradienten berücksichtigt. Der Faktor b ist dabei von der gewählten Impulsfolge abhängig.

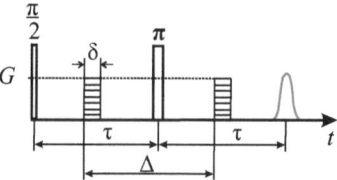

Abb. 2.4: Hahnschen Spinechos mit gepulsten Feldgradienten ($\Delta = \tau$).

13-Intervall Impulsfolge

Die 13-Intervall Impulsfolge (Abb. 2.5) wurde von Cotts et al. (1989) eingeführt. Sie soll den störenden Einfluß konstanter innerer Gradienten bei Diffusionsmessungen mit gepulsten Feldgradienten minimieren. Solche konstanten inneren Gradienten werden beispielsweise hervorgerufen durch den Einschluss (para)magnetischer Mineralien in einem heterogenen porösen Medium. Es wird die Spinechointensität $M(b)$ als Funktion des Faktors b aufgezeichnet, der definiert ist durch:

$$b = \gamma^2 4\delta^2 (\Delta - \tfrac{1}{2}\tau - \tfrac{1}{6}\delta)\vec{G}^2. \tag{2.25}$$

Für NMR-Proben mit starken inneren magnetischen Feldgradienten kann die Anwendung der 13-Intervall Impulsfolge einen erheblichen Signalgewinn gegenüber anderer Impulssequenzen bedeuten. Des Weiteren unterliegt das Experiment bei der 13-Intervall Impulsfolge während der Zeit Δ' nicht der zeitlichen Beschränkung der T_2-Relaxation, so dass die Beobachtungszeit Δ im Wesentlichen von der häufig erheblich längeren T_1-Relaxation beschränkt wird. Dies stellt einen deutlichen Vorteil gegenüber dem Hahnschen Spinecho mit gepulsten Feldgradienten dar. In dieser Arbeit wurde die 13-Intervall Impulsfolge für die Bestimmung von Diffusionskoeffizienten angewendet.

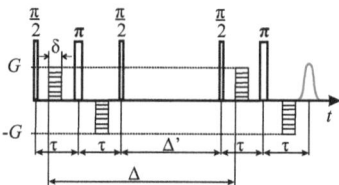

Abb. 2.5: 13-Intervall Impulsfolge ($\Delta = \Delta' + 2\tau$).

2.6.5 Inversion Recovery Spinecho Impulsfolge

Die Inversion Recovery Spinecho Impulsfolge (Abb. 2.6) kombiniert die beiden namengebenden Pulssequenzen und wurde im Rahmen dieser Arbeit für das FEGRIS NT programmiert. Nach dem Inversion Recovery (π- und $\pi/2$-Impuls), welches die Bestimmung von T_1 ermöglicht, folgt das Hahnsche Spinecho mit konstanten Gradienten. Ist der Gradient entlang der interessierenden Ortskoordinate konstant, wird der bereits beschriebene Zusammenhang zwischen dem Ort z und der NMR-Frequenz erreicht. Die Auswertung der NMR-Messung erfolgt wie ebenfalls beschrieben mit Hilfe der Fouriertransformation des NMR Signals. Es kann somit jedem Ort z eine T_1-Relaxationszeit zugeordnet werden.

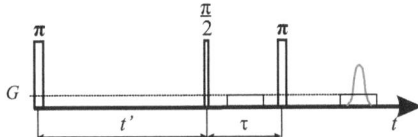

Abb. 2.6: Inversion Recovery Spinecho Impulsfolge.

2.7 Zweidimensionale NMR-Methoden

Seit kurzem ermöglichen sogenannte zweidimensionale (2d) NMR Techniken die T_1- bzw. diffusionsgewichtete Messung der T_2-Relaxationszeit und damit Beobachtungen zum Austausch in Porenstrukturen durch Oberfächenrelaxation und Diffusionsrelaxation. Ausschlaggebend hierfür ist die Entwicklung eines Algorithmus zur inversen Laplace-Transformation in zwei Dimensionen (Venkataramanan et al., 2002), der die Auswertung der Experimente erst ermöglicht hat. Song et al. (2002) haben erstmals T_1-T_2-Korrelationsexperimente durchgeführt. T_2-D-Experimente wurden danach von Hürlimann und Venkataramanan (2002) und Callaghan und Komlosh (2002) durchgeführt.
In den letzten Jahren finden 2d NMR-Experimente immer häufiger Anwendung in einem inzwischen sehr breiten Bereich von Untersuchungsobjekten. Beispielsweise wurden Messungen an wassergesättigten Sanden und Karbonatgesteinen (Schoenfelder et al., 2008; Schönfelder, 2008), an ölführenden Gesteinen (Huerlimann et al., 2009) sowie an Zementen (McDonald et al., 2007) durchgeführt. Ferner fanden T_1-T_2-Korrelationsexperimente Anwendung an antiken Keramiken, um Veränderungen der Porenraumcharakteristik durch den Brennprozess zu untersuchen (Casieri et al., 2009). Cox et al. (2010) zeigen anhand von Fichtenholz, dass mit 2d Relaxationszeitmessungen das Signal von Wasser wesentlich genauer identifiziert werden kann als mit den herkömmlichen 1d Messungen. Interne physiologische Änderungen von Äpfeln im Zusammenhang mit dem Reifeprozess wurden bereits untersucht (Marigheto et al., 2008). Weitere Ergebnisse von 2d NMR-Messungen zur Struktur von Lebensmitteln (Milch- und Käseprodukte) stellen Song (2009) vor.

2.8 NMR-Spektrometer

Entsprechend der jeweiligen Fragestellung wurden für die in den nachfolgenden Kapiteln beschriebenen NMR-Messungen zwei verschiedene Spektrometer (Abb. 2.7) eingesetzt. Die Probenkopf- und Gradientensysteme wurden in der Arbeitsgruppe Grenzflächenphysik entworfen (Galvosas, 2003) und werden über kommerzielle MARAN NMR-Konsolen (Resonance Instruments, GB) und die dazugehörige RI-NMR Software, installiert unter dem WINDOWS Betriebssystem, angesteuert.

MARAN DRX

Das MARAN DRX besteht aus zwei im Abstand von 4,1 cm gegenüberliegenden NdFeB-Permanentmagnetplatten, die das Magnetfeld erzeugen (Friedemann et al., 2008). Die magnetische Flussdichte beträgt 0,21 T, dies entspricht einer ^{1}H-Resonanzfrequenz von 9,1 MHz. Das NMR-Signal wird durch eine abstimmbare HF-Solenoidspule, die sich zwischen den Polkappen des Magneten befindet, angeregt und aufgezeichnet. Aufgrund der geringen Feldstärke ist der Einfluss innerer Feldgradienten gering. Dies verbessert die Empfindlichkeit für die Relaxation in den Porenflüssigkeiten und an der Porenoberfläche im Vergleich zu Messungen bei hohen Flussdichten. Der Aufbau des Spektrometers ist für Proben mit einem Durchmesser von bis zu 2 cm und beliebiger Länge ausgelegt. Das empfindliche Probenvolumen beträgt ca. 10 cm^3.

FEGRIS NT

Das FEGRIS (FEldGRadienten-Impuls-Spektrometer) ist ausgerüstet mit einem supraleitenden Magneten, dessen Flussdichte 2,4 T beträgt. Die ^{1}H-Resonanzfrequenz beträgt demzufolge 125 MHz. Das Gradientensystem des FEGRIS NT erlaubt den Einsatz von alternierenden Feldgradienten von bis zu ± 35 T/m, und damit die Beobachtung von kleinsten Verschiebungen. Die Proben haben einen Außendurchmesser von 7,5 mm und ein Probenvolumen von ca. 1 cm^3. Sie sind über einen Luftstrom temperierbar.

a)  b)

Abb. 2.7: Magnetsysteme der NMR-Spektrometer. (a) FEGRIS NT (b) MARAN DRX.

Kapitel 3

Geologische & Biochemische Grundlagen

Nach den Ozeanen und dem im Eis gebundenen Wasser liegt das im Grundwasser gespeicherte Wasser mit ca. 1% Anteil auf dem dritten Platz der gesamten Wassermenge der Erde. Damit ist das vorhandene Volumen noch um ein Vielfaches größer als das in Flüssen und Seen vorkommende Süßwasser. Das Grundwassers ist jedoch häufig mit organischen und anorganischen Schadstoffen verschmutzt. Dies ist ein weltweit auftretendes Problem. Mikroorganismen vermögen viele Schadstoffe abzubauen und dadurch aus der Umwelt zu entfernen. Dies beruht auf der Fähigkeit von Mikroorganismen größere und komplexe organische Verbindungen zu kleinen und einfachen Bestandteilen abzubauen und in Form von Kohlendioxid und Wasser an die Umwelt abzugeben. Die organischen Verbindungen stellen dabei die Nahrung dar, aus deren Umwandlung die Mikroorganismen Energie für ihren Stoffwechsel und ihre Vermehrung gewinnen. Dabei kann allerdings nicht ein bestimmter Mikroorganismus alle möglichen Verbindungen umwandeln und abbauen, sondern es gibt eine außerordentlich große Vielfalt an Organismen und Spezialisten für unterschiedliche Aufgaben. Eines der Mikroorganismen mit dem wohl größten Potential zum Abbau organischer und anorganischer Stoffe ist *Geobacter metallireducens*. Diese Bakterien oxidieren organische Stoffe zu Kohlendioxid, wobei Eisenoxid als Elektronenakzeptor dient (Lovley und Phillips, 1988). Von besonderem Interesse ist an dieser Reaktion auch der Verbrauch von Eisenoxiden, beispielsweise im Zusammenhang mit sauren Haldenwässern in Bergbau(folge)landschaften (engl.: *acid mine drainage*, AMD). Hier können durch Bakterien lösliche (giftige) Verbindungen in schwerlösliche (weniger giftige / ungiftige) Verbindungen umgewandelt werden, zum Teil unter extremen Lebensbedingungen (Edwards *et al.*, 2000).

Wie in Abschnitt 2.3 beschrieben haben die paramagnetischen Eisen-Ionen einen deutlichen Einfluss auf die NMR-Messungen. In dieser Arbeit soll untersucht werden, ob die NMR-Methode eine Möglichkeit der nicht-invasiven Beobachtung Eisen-umsetzender Prozesse (am Bsp. von Redoxprozessen) bietet. Die Ergebnisse werden mit einer Modellierung verglichen. Modelle sind wichtige Hilfsmittel, um Prozesse anhand erfasster Daten zu verstehen, zu validieren und Prognosen zu erstellen. Das Modell Min3P ist in der Lage sowohl die zeitliche und räumliche Verteilung der interessierenden chemischen Spezies als auch das geochemische Milieu zu beschreiben. Experiment und Modell leisten somit einen wesentlichen Beitrag zum Verständnis der stattfindenden chemischen Prozesse im Grundwasser. Dieses Kapitel gibt einen Überblick über die wichtigsten chemischen, biologischen und geologischen Grundlagen. Die angeführten Beispiele sind dabei so gewählt, dass sie dem Thema der Arbeit entsprechen.

3.1 Redoxprozesse

Reduktions-Oxidationsreaktionen (kurz: Redoxreaktionen) sind chemische Reaktionen, bei denen ein Reaktionspartner Elektronen auf den anderen überträgt. Es findet also gleichzeitig eine Elektronenabgabe (Oxidation) und eine Elektronenaufnahme (Reduktion) statt. Bei jeder Redoxreaktion reagiert ein Stoff, der Elektronen abgibt (Reduktionsmittel, Donator) mit mindestens einem anderen Stoff, der diese Elektronen aufnimmt (Oxidationsmittel, Akzeptor). Oxidationsmittel sind Stoffe, die andere Stoffe oxidieren können und dabei selbst reduziert werden. Die bekanntesten Oxidationsmittel sind Sauerstoff (O_2), Wasserstoffperoxid (H_2O_2) und Permanganat (MnO_4^-). Die klassischen Beispiele für Oxidationen sind die Verbrennung von kohlenstoffhaltigen Substanzen und das Rosten von Eisen unter dem Einfluss von Sauerstoff. Reduktionsmittel sind dementsprechend Stoffe, die andere Stoffe reduzieren können und dabei selbst oxidiert werden. Gute Reduktionsmittel sind Wasserstoff (H_2) und unedle Metalle (Alkali- und Erdalkalimetalle).

Redoxreaktionen sind von grundlegender Bedeutung, nicht nur in der Chemie, wo jeder Stoffwechselvorgang auf solchen Elektronenübertragungs-Reaktionen basiert, sondern auch im Grundwasser und im Boden, wo sie einen maßgeblichen Einfluss auf die Konzentrationen beispielsweise von Sauerstoff und Eisen(II,III)-Ionen haben. Sie beeinflussen die Bindungsformen und biologische Verfügbarkeit sowie die Verlagerung und den Transport von Elementen, wie z.B. Fe, Mn und C.

Redoxpotential und Stabilitätsdiagramm

Das Redoxpotential eines Systems ist ein Maß für die Bereitschaft, in einer chemischen Reaktion Elektronen aufzunehmen und damit als Oxidationsmittel zu wirken. Oxidationsmittel haben konventionsgemäß positive Redoxpotentiale, während Reduktionsmitteln negative Redoxpotentiale zugesprochen werden. Viele Redoxreaktionen sind sehr stark durch den pH-Wert beeinflusst. Somit gibt es eine große Anzahl an gelösten und mineralisch vorliegenden Spezies, deren Stabilität durch die Redoxbedingungen beeinflusst werden.
Um einen Einblick in die Stabilität von solchen komplizierten Systemen zu bekommen, werden in Redoxdiagrammen sowohl die gelösten Ionen als auch die Minerale als eine Funktion des Redoxpotentials (E) und des pH-Wertes dargestellt. Abbildung 3.1 zeigt die innerhalb des Wasser-Stabilitätsfelds in Abhängigkeit von Redoxpotential, pH-Wert und Stoffbestand möglichen Veränderungen in der Oxidationsstufe und Bindungsform einiger Eisen-Spezies. Dies betrifft z.B. die Umwandlung amorpher und kristalliner Eisen(III)oxide in Fe^{3+}- und Fe^{2+}-Ionen sowie in Eisen-(II,III)oxide und -hydroxide. Mit abnehmenden E- und pH-Werten steigt die Fe^{2+}-Löslichkeit an. Je niedriger der pH-Wert ist, umso höher muss das Redoxpotential sein, um eine bestimmte Fe^{2+}-Löslichkeit zu ergeben. Bei pH-Werten kleiner zwei und unter stark oxischen Bedingungen (hohes Redoxpotential) ist das Fe^{3+}-Ion die dominierende Spezies. Beispielsweise weisen gut durchlüftete, stark saure Böden hohe positive Redoxpotentiale auf. E-pH-Stabilitätsdiagramme können für eine Vielzahl an Elementen aufgestellt werden, um das Redoxverhalten miteinander vergleichen zu können. Beherrschen anaerobe Mikroorganismen das Milieu, verwenden sie die im Boden und Grundwasser vorhandenen organischen Substanzen als Elektronendonatoren. Anstelle des Sauerstoffs fungieren anorganische und organische Verbindungen hoher Oxidationsstufe als Elektronenakzeptoren. Aus Stabilitätsdiagrammen kann geschlossen werden, dass durch die Tätigkeit der Mikroorganismen Nitrate

3.2. KOMPLEXE

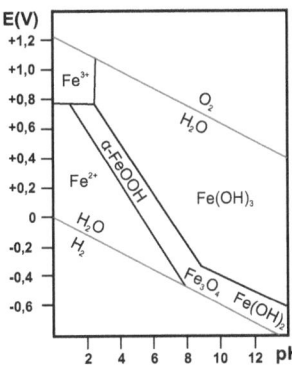

Abb. 3.1: Stabilitätsdiagramm einiger Eisen-Spezies (nach Scheffer und Schachtschabel (2002)).

(NO_3^-), Mangan(Mn^{3+}, Mn^{4+}), Eisen(Fe^{3+}), Sulfate (SO_4^{2-}), Kohlendioxid (CO_2) und Protonen (H^+) in genau dieser definierten Reihenfolge reduziert werden. Unter reduzierenden Bedingungen verläuft der Abbau der organischen Substanz sehr viel langsamer als unter oxidierenden Bedingungen (Gödeke et al., 2003).

3.2 Komplexe

Ein Komplex (auch Koordinationsverbindung) ist eine Struktur, bei der ein Zentralatom (meist ein Metallion), das in seiner Elektronenkonfiguration Lücken aufweist, von einem oder mehreren Molekülen oder Ionen (den Liganden) umgeben ist. Das Zentralatom (Elektronenpaarakzeptor) ist meist ein Kation (Cu^{2+}, Mg^{2+}, Fe^{2+}, Fe^{3+}, Ni^{2+}), kann aber auch neutral (Fe^0, Cr^0, Ni^0) oder (selten) ein Anion sein. Es bindet über koordinative Bindung die Liganden (Elektronenpaardonatoren). Das bedeutet, Liganden stellen mindestens ein freies Elektronenpaar zur Verfügung, um mit dem Zentralatom Bindungen einzugehen. Liganden sind meist Anionen (wie z.B. F^-, Cl^-, Br^-, OH^-, CN^-), neutral (H_2O, NH_3, CO, NO) oder Kationen (NO^+). Neben den anorganischen gibt es auch organische Liganden, zu denen u.a. Chlorophyll, Hämoglobin, Pyridin und EDTA gehören.

Komplexierung verringert die Aktivität des 'freien' Ions in Wasser und erhöht dadurch die Löslichkeit von Mineralen und auch die Mobilität von Spurenelementen, wie Eisen. Komplexe können 'entgiftende' Effekte haben, so dass Schwermetall-Verunreinigungen durch die Aufnahme in einen starken Komplex abnehmen. Komplexverbindungen spielen in der Biologie und in der chemischen Analytik oft eine entscheidende Rolle und finden unter anderem Anwendung in der Lebensmittel- und Reinigungsindustrie.

Aquakomplexe des Eisens

Eisen(III)-Ionen bilden in wässriger Lösung einen Hexaaquakomplex (synonym Eisen(III)-Hexahydrat), d.h. entsprechend seiner koordinativen Sechswertigkeit lagern sich sechs Wassermoleküle an. Das recht kleine und hoch geladene Eisen(III)-Zentralion polarisiert die Wasserliganden so stark, daß diese eine Tendenz zur Ausbildung einer kovalenten Bindung zum Eisen zeigen, was dann die kovalente Bindung zum Wasserstoff (H^+) im betreffenden Wassermolekül schwächt. Das wird dann dementsprechend leichter in Form eines Protons abgegeben und somit das Wasser schrittweise durch Hydroxyl-Ionen ersetzt: $[Fe(H_2O)_6]^{3+} \rightarrow [Fe(H_2O)_5OH]^{2+} \rightarrow [Fe(H_2O)_4(OH)_2]^+$. Prinzipiell kann nach weiteren Protolysestufen $Fe(OH)_3$ vorliegen.

Chelatkomplexe der Oxalsäure

Die Oxalsäure gehört zu den niedermolekularen organischen Säuren und ist einer der wichtigsten Vertreter dieser Säuren, die von Pflanzenwurzeln als Wurzelexsudate ausgeschieden werden (Scheffer und Schachtschabel, 2002). Die beiden Carboxylgruppen der Oxalsäure dissoziieren leicht. Dies kann zu einer Anreicherung von H^+ im Boden führen und somit zu einer Verwitterung des Bodens beitragen.
Liganden sind elektrisch neutrale Moleküle oder Ionen, die um ein Zentralatom gruppiert sind und deren Anzahl in den Koordinationsverbindungen (Komplexe) von der Koordinationszahl des Zentralatoms beziehungsweise -ions abhängt. Man unterscheidet ein- und mehrzähnige Liganden, die eine oder mehr Koordinationsstellen besetzen können. Oxalsäure bzw. Oxalate sind bedeutende Komplex-Liganden. Dabei nimmt ein mehrzähniger Ligand (besitzt mehr als ein freies Elektronenpaar) mindestens zwei Bindungsstellen des Zentralatoms ein. Es handelt sich somit um Chelatkomplexe, die stabiler sind als Komplexe mit einzähnigem Liganden, da sie Ringstrukturen formen können, die das Metallion einkapseln. Eisen/Oxalat-Komplexe heißen Oxalatoferrate. In Abbildung 3.2 ist ein Beispiel dargestellt.

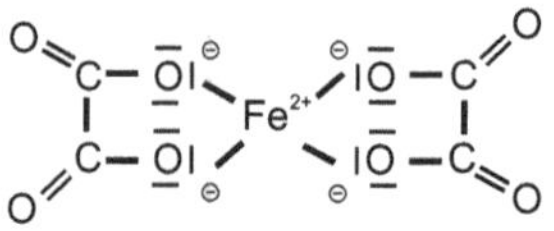

Abb. 3.2: Di-oxalato-ferrat(II)-Komplex.

3.3 Schadstoffe und Biologischer Abbau

Grundwasser und Boden sind v.a. in den industrialisierten Ländern stellenweise verunreinigt und stellen dann ernsthafte Belastungen für die Umwelt dar. Häufig werden diese Belastungen von Altlasten oder schädlichen Bodenveränderungen verursacht. Zur Reinigung des Grundwassers und Bodens gibt es mittlerweile eine Reihe von Sicherungs- und Sanierungsmaßnahmen (Illman und Alvarez, 2009). Dazu zählen aktive Maßnahmen, wie die sogenannten 'pump and treat'-Verfahren oder der Aushub des belasteten Materials. Diese Maßnahmen sind jedoch in der Regel langjährig und mit einem hohem energetischen und finanziellen Aufwand verbunden. Unter bestimmten Randbedingungen können Schadstoffkonzentrationen im Grundwasser und Boden durch natürlich ablaufende Prozesse vermindert werden (engl.: *natural attenuation*). Dabei handelt es sich um Prozesse, durch die ohne äußere Eingriffe die Menge, die Toxizität, die Mobilität, das Volumen oder die Konzentration von Schadstoffen verringert wird. Daneben können solche Prozesse stimuliert, unterstützt oder beschleunigt werden, beispielsweise durch die Zugabe von Sauerstoff. Zu "natural attenuation" werden die folgenden Prozesse gezählt, die unter den vorhandenen Randbedingungen unterschiedlich stark und unterschiedlich schnell ablaufen können: biologischer Abbau, Lösungs- und Ausfällungsprozesse (Redoxreaktionen, Dechlorierung), Diffusion und Dispersion im Grundwasser aufgrund von Konzentrationsunterschieden, Adsorption an organischen und anorganischen Bodenbestandteilen, sowie die Ausgasung flüchtiger Stoffe. Der biologische Abbau kann als nachhaltig bezeichnet werden, während andere Prozesse je nach Randbedingungen gegebenenfalls auch reversibel sein können. Eine besondere Schwierigkeit stellt die Ermittlung und Quantifizierung der maßgebenden Prozesse im Einzelfall dar.

Der biologische Abbau kann unter aeroben oder unter anaeroben Bedingungen erfolgen. Viele organische Verbindungen (z.B. BTEX, Phenole) werden unter aeroben Bedingungen oxidiert und von den Mikroorganismen als kohlenstoff- und energielieferndes Substrat genutzt. Wenn der zur Verfügung stehende Sauerstoff verbraucht ist, werden unter anaeroben Bedingungen, soweit vorhanden, zunächst Nitrat, dann Eisen- und Manganoxide und Sulfat reduziert. Erst wenn diese Elektronenakzeptoren verbraucht sind, findet die methanogene Umsetzung von organischen Verbindungen statt.

3.4 Mikroorganismen

Biofilme sind die erfolgreichste und am meisten verbreitete Lebensform von Mikroorganismen. Mehr als 99% aller Mikroorganismen der Erde leben in diesen sogenannten Mikrokonsortien. Dadurch ist es ihnen möglich, stabile, synergistische Gemeinschaften aufzubauen. Sie können somit leichter Gene austauschen und komplexe Nährstoffe umsetzen, die sie für sich alleine nicht verwerten könnten. Es gibt neben festsitzenden, auch schwimmende Biofilme (Flocken) oder Schlämme. Diese mikrobiellen Aggregate werden, wenn auch etwas unpräzise, unter dem Begriff Biofilme zusammengefasst.

Die bisher ältesten Fossilien sind älter als drei Milliarden Jahre und stammen von Mikroorganismen aus Biofilmen. Somit gelten Biofilme als die Urform des Lebens. Heute werden Biofilme nicht nur als Periphyton in Flüssen oder in hydrothermalen Systemen (Reysenbach und Cady, 2001) gefunden, sondern auch in sauren Haldenwässern (AMD) (Edwards et al., 2000).

Mikroorganismen spielen in den Stoffkreisläufen der Natur eine entscheidende Rolle und besitzen demzufolge eine große ökologische Bedeutung. In den biogeochemischen Zyklen nehmen sie eine Schlüsselstellung bei der Mineralisierung der organischen Substanzen sowie der Boden- und Humusbildung ein. Mikrobielle Aktivitäten werden in wirtschaftlichen und gesellschaftlichen Bereichen sehr stark genutzt. Beispielsweise werden Mikroorganismen in der Bodensanierung, Abwasserreinigung, Trinkwasseraufbereitung und Biogasgewinnung eingesetzt. Sie spielen eine technisch und ökonomisch bedeutende Rolle, sowohl in erwünschter Form als Biofilm-Reaktoren wie auch unerwünscht bei Biofouling und Biokorrosion.

3.4.1 Struktur von Biofilmen

Die Matrix eines Biofilms stellen extrazelluläre polymere Substanzen (EPS) mit einem Wassergehalt bis zu 98% dar. Sie bestehen überwiegend aus Polysacchariden, Proteinen sowie zu geringeren Anteilen aus anderen Biopolymeren, die ein hoch hydratisiertes Gel bilden. Allen mikrobiellen Aggregaten ist gemeinsam, dass sie von den EPS zusammengehalten werden. Die EPS verleihen ihnen ihre Form, ihre physikalischen Eigenschaften und vermitteln auch die Anhaftung an Oberflächen. Die EPS ermöglicht somit die sequenzielle Verwertung von schwer abbaubaren Substraten, zu denen auch viele anthropogene Schadstoffe gehören. Die Struktur der EPS führt zu Konzentrationsgradienten von Sauerstoff und anderen Elektronenakzeptoren. Dadurch können auf engem Raum z.B. aerobe und anaerobe Habitate entstehen, was die Ausbildung einer großen Artendiversität erlaubt.

3.4.2 Biofilme und NMR

Die genaue chemische Zusammensetzung von Biofilmen ist den meisten analytischen Methoden aufgrund der Komplexität und der Inhomogenität ihrer Struktur kaum zugänglich. Der Großteil der analytischen Verfahren führt zu einer irreversiblen Zerstörung des Biofilms, so dass zeitabhängige Veränderungen nicht reproduzierbar erfaßt werden können. Die NMR bietet auch hier die Möglichkeit einer zerstörungsfreien, integralen Analyse aller niedermolekularen Biofilmbestandteile, soweit diese in nachweisbarer Konzentration vorliegen (Grivet et al., 2003). Biofilme verkürzen die beiden Relaxationszeiten T_1 und T_2 (Brownstein und Tarr, 1979), da die Mobilität der Protonen im Biofilm eingeschränkt ist. Im Gegensatz zur Oberflächenrelaxation von porösen Medien ($T^s_{1,2}$) (vgl. Abschnitt 2.2.2) rührt diese Einschränkung allerdings von intrazellulären und extrazellulären Protonen dicht am Biofilm her. Hoskins et al. (1999) nutzten diesen Effekt für die Abbildung von Biofilmen mit Hilfe Relaxationszeit-gewichteter Methoden. Lewandowski et al. (1993) und Manz et al. (2003) setzten NMR-Messungen ein, um Geschwindigkeitsverteilungen in und in der Nähe von Biofilmen abzubilden. Die PFG NMR ermöglicht die Charakterisierung des Diffusionsverhaltens der Biofilme aufgrund unterschiedlicher chemischer Struktur und räumlicher Beweglichkeit der Bestandteile. Durch Unterdrückung des Protonensignals im freien Wasser konnten Potter et al. (1996) Bakterien und Zelldichten im porösen Medium erfassen. Beuling et al. (1998) und Vogt et al. (2000) nutzten die unterschiedlichen Diffusionseigenschaften der einzelnen Komponenten von Biofilmen um diese separat voneinander darzustellen. Den Einfluss, den wachsende Biofilme auf die Transportmechanismen im porösen Medium haben können, untersuchten Seymour et al. (2004a,b).

3.4.3 Eisenoxidierende und eisenreduzierende Bakterien

Im folgenden Abschnitt werden Bakterien vorgestellt, die Eisen(II) oxidieren und solche die Eisen(III) reduzieren. Die Eisen(II)-Oxidierer treten dabei in Böden und Gesteinen auf, die Pyrit und andere sulfidische Eisenverbindungen enthalten oder in Gewässern. In anoxischen Habitaten kann die Eisen(III)-Reduktion einen beträchtlichen Anteil am anaeroben Abbau der organischen Stoffe haben.

Eisen(II)-Oxidierer

Eisenoxidierende Mikroorganismen gewinnen die nötige Energie für ihren Stoffwechsel durch die Oxidation von im Wasser gelöstem zweiwertigen Eisen zu dreiwertigem Eisen. Als Oxidationsmittel dient überwiegend Sauerstoff:

$$4Fe^{2+} + 4H^+ + O_2 \rightarrow 4Fe^{3+} + 2H_2O. \tag{3.1}$$

Das gebildete Eisen(III) ist meist nicht wasserlöslich und fällt in einem zweiten Schritt als Eisenoxid aus, wodurch die Bakterien häufig verkrusten. Die Oxidation von Eisen(II)- zu Eisen(III)-Ionen ist dabei stark abhängig vom pH-Wert und der Sauerstoffkonzentration. In der Abwesenheit von Sauerstoff (anaerobe Bedingungen) kann von einigen Arten auch Nitrat oder Perchlorat verwendet werden. Die Mikroorganismen sind meist besonders an extreme Biotope angepasst. Sie besitzen die Fähigkeit, bei sehr hohen Temperaturen (d.h. über 80°C, Hyperthermophile), sehr niedrigen und hohen pH-Werten (Acidophile bzw. Alkaliphile), hohen Salzkonzentrationen (Halophile) oder hohen Drücken (Barophilie) zu leben.
Werden die acidophilen Arten betrachtet, die Eisen(II)-Oxidation unter sauren Bedingungen (pH<4) betreiben, können Bakterien und Archaeen unterschieden werden. Bei den Bakterien sind die bekanntesten *Acidithiobacillus ferrooxidans* (synonym *Thiobacillus ferrooxidans*) und *Leptospirillum ferrooxidans*. Bei den Archaeen ist die Gattung *Ferroplasma* zu nennen. Diese acidophilen Mikroorganismen sind häufig in sauren Abwässern von Minen (engl.: *acid mine drainage*, AMD) zu finden. Auch bei der mikrobiellen Erzlaugung (engl.: *bioleaching*) werden sie eingesetzt, um niederwertige, sulfidische Erze auszulaugen, indem die Sulfidanteile mikrobiell zu Sulfat oxidiert und dadurch die Schwermetalle in einen löslichen Zustand überführt werden. Dies wird zum Beispiel zur Gewinnung von Kupfer, Zink und Nickel angewendet. Aber auch bei der Sanierung solcher Halden und Wässer mittels Bioremediation sind Acidophile einsetzbar. In Gewässern, die nur schwach sauer sind, kommen *Gallionella ferruginea* und *Leptothrix ochracea* an der Grenzschicht vom aeroben zum anaeroben Bereich vor. Zweiwertiges Eisen ist nur bis zu dieser Grenzschicht stabil, durch die Sauerstoffzufuhr wird es hier oxidiert.

Eisen(III)-Reduzierer

Eine Anzahl von Mikroorganismen nutzen durch anaerobe Atmung dreiwertiges Eisen als Elektronenakzeptor. Die Eisen(III)-Ionen können aus verschiedenen Eisenverbindungen abgespalten werden, beispielsweise Eisen(III)-chlorid, verschiedene Eisenoxide und -hydroxide und Eisen(III)-citrat. Als Elektronendonatoren dienen einfache organische Verbindungen wie z.B. Acetat, oder auch aromatische Verbindungen wie Toluol, die meist vollständig über den Citronensäurezyklus zu CO_2 oxidiert werden. Es wird vermutet, dass die Fe(III)-Reduktion neben der Schwefelreduktion eine der ersten Formen der anaeroben Atmung von Bakterien war (Vargas et al., 1998).
Die bekannteste und wahrscheinlich am ausführlichsten untersuchte Art unter den Eisen(III)-reduzierenden Mikroorganismen ist *Geobacter metallireducens*, welcher mit Hilfe von Acetat Eisen(III)- zu Eisen(II)-Ionen reduziert (Lovley und Phillips, 1988)

$$CH_3COO^- + 8Fe^{3+} + 4H_2O \rightarrow 2HCO_3^- + 8Fe^{2+} + 9H^+. \tag{3.2}$$

Geobacter scheint in Böden und Aquiferen die vorherrschende Rolle innerhalb der Eisen(III)-reduzierenden Bakterien zu spielen (Snoeyenbos-West et al., 2000). Einige Geobacter-Stämme sind durch ihre Fähigkeit, aromatische Verbindungen wie Toluol abzubauen, für die Reinigung von schadstoffbelasteten Böden und Grundwässern bedeutend.

Neben Eisen dient auch Mangan als Elektronenakzeptor. Vierwertiges Mangan (Mn^{4+}) wird zu zweiwertigem Mangan (Mn^{2+}) reduziert. Dieses Redoxpaar hat ein noch etwas positiveres Redoxpotential als Eisen. Allerdings sind in natürlichen Ökosytemen die Konzentrationen so gering, dass die Mangan-Reduktion eine geringe Rolle spielt.

3.5 Eisen in Grundwasser und Boden

Eisen ist ein weit verbreitetes Element und mit Konzentrationen von weniger als 0,1% bis auf mehr als 10% in Sedimenten und Sedimentgesteinen am Aufbau der Erkruste beteiligt (Cornell und Schwertmann, 2003). Wie in Abbildung 3.1 bereits erläutert wurde, liegt Eisen im Boden und im Grundwasser hauptsächlich ausgefällt als Eisen(II,III)-Verbindungen vor. Die häufigsten Eisen(III)-Oxide in Böden und Gesteinen sind Goethit (α-FeOOH) und Hämatit (α-Fe_2O_3). Seltener treten auch Lepidokrokit (γ-FeOOH), Maghemit (Fe_2O_3) und Ferrihydrit ($5Fe_2O_3 \cdot 9H_2O$) auf. Alle Eisen(III)-Oxide sind sehr schwer lösliche Verbindungen, so dass unter oxidierenden Bedingungen die Eisen(III)-Konzentration in Lösung äußerst gering ist. Minerale wie Magnetit (Fe_3O_4) und Pyrit (FeS_2), aber auch Olivin und Biotit enthalten Eisen in der reduzierten, zweiwertigen Form. Sie werden im Kontakt mit Sauerstoff oxidiert und Fe^{2+}-Ionen freigesetzt. Diese Fe^{2+}-Ionen werden hydrolytisch zu Eisen(III)-Oxiden und -Hydroxiden umgesetzt. Als sehr stabile Verwitterungsprodukte bleiben die Eisen(III)-Oxide ausgefällt, solange aerobe Verhältnisse herrschen. Im diesem Abschnitt gibt es eine kurze Einführung in die wichtigsten Prozesse, die dazu führen, dass Fe^{2+}- und Fe^{3+}-Ionen gelöst in der Bodenlösung und im Grundwasser vorkommen.

3.5.1 Reaktionen als H^+-Quellen

Ebenfalls aus Abbildung 3.1 ist bereits bekannt, dass gelöstes Eisen in sauren und aeroben Wässern (pH<5) vorliegt. Der pH-Wert im Boden und im Grundwasser kann sich verändern, da einerseits von außen H^+-Ionen zugeführt werden (saurer Regen) oder interne Prozesse (Redoxprozesse vor Ort, Wurzelexsudate) zur Bildung von H^+ führen. Wenn diese Säureeinträge nicht ausreichend gepuffert werden, kommt es zur Bodenversauerung (Scheffer und Schachtschabel, 2002). Besonders bei einem sehr niedrigen pH-Wert werden Aluminium- oder Manganionen löslich und für Pflanzen in schädigenden Mengen zugänglich. Des Weiteren führt die Versauerung zur Mobilität toxischer Schwermetalle. Niedrige pH-Werte in Böden wirken sich auch auf die daraus gespeisten Grund- und Oberflächengewässer aus. So können sich pH-Werte von kleiner drei und hohe Eisen-Konzentrationen ergeben.

Pyritoxidation

Der bekannteste Prozess, bei dem Protonen entstehen, ist die Pyritoxidation, d.h. die Verwitterung von Pyrit (FeS_2) im Kontakt mit Wasser und Luft zu Eisenhydroxid ($Fe(OH)_3$) (Appelo und Postma, 2005). Dabei kommt es in einem ersten Schritt zur Oxidation des Disulfids (S_2^{2-}) zu Sulfat (SO_4^{2-}) und in einem zweiten Schritt zur Oxidation von Fe^{2+} zu Fe^{3+}. Die Oxidation des Disulfids läuft bei einem geringeren Redoxpotential als die Fe^{2+}-Oxidation ab. Eine unvollständige Pyritoxidation durch unzureichende Anlieferung des Elektronenakzeptors resultiert in einer Anreicherung von Fe^{2+} und SO_4^{2-} in Lösung. Sofern der pH-Wert nicht sehr

3.5. EISEN IN GRUNDWASSER UND BODEN

niedrige Werte erreicht, fällt Eisenhydroxid (Fe(OH)$_3$) aus. In diesem letzten Schritt entstehen drei Viertel des Säuregehalts der Gesamtreaktion. Der Gesamtprozess kann folgendermaßen beschrieben werden:

$$FeS_2 + \tfrac{15}{4}O_2 + \tfrac{7}{2}H_2O \rightarrow Fe(OH)_3 + 2SO_4^{2-} + 4H^+. \tag{3.3}$$

Es ist ersichtlich, dass es bei der Pyritoxidation zu einer starken Produktion und Freisetzung von Sulfat und Protonen, aber auch Eisen kommt. Es entstehen sehr saure Abwässer mit pH-Werten von null bis vier, welche Schwermetalle wie Eisen, Blei, Mangan, Arsen, Aluminium, Molybdän und Zink auswaschen können (engl.: *leaching*).

Abiotisch läuft dieser Verwitterungsprozess vergleichsweise langsam ab. Hierfür zeichnet sich zum einen die Reaktionskinetik der Verwitterungsprozesse verantwortlich und zum anderen die Verfügbarkeit von Sauerstoff und Wasser als limitierender Faktor. In der Natur wird der Oxidationsprozess durch Mikroorganismen, mit *Acidothiobacillus ferrooxidans* (vgl. Abschnitt 3.4.3) als bedeutendstem Vertreter, katalysiert, und die Reaktionskinetik wird um mehrere Größenordnungen beschleunigt.

Oxidation von löslichen Fe^{2+}-Ionen aus Eisen(II)-Oxiden

Ein weiterer interner Prozess ist die Oxidation von Fe^{2+}- zu Fe^{3+}-Ionen, bei der im ersten Schritt H$^+$ verbraucht wird. Das gebildete Fe^{3+}-Ion hydrolysiert jedoch unter den "normalen" pH-Bedingungen in Boden und Grundwasser sofort wieder zu FeOOH. Dabei werden zwei H$^+$ gebildet. Bei der Umkehrreaktion, d.h. der Reduktion und Lösung des FeOOH werden diese zwei H$^+$ wieder verbraucht. Eine Versauerung tritt demzufolge genau dann auf, wenn Oxidation und Reduktion räumlich voneinander getrennt ablaufen:

$$Fe^{2+} + \tfrac{1}{4}O_2 + \tfrac{3}{2}H_2O \longleftrightarrow FeOOH + 2H^+. \tag{3.4}$$

H$^+$-Freisetzung durch Wurzelexsudate im Boden

Pflanzen geben eine Vielzahl organischer Substanzen in den unmittelbar benachbarten Bodenbereich ab. Neben toten Pflanzenzellen besteht diese Stoffabgabe aus organischen Stoffen, die von lebenden Wurzeln durch verschiedene Ausscheidemechanismen freigesetzt werden. Diese sogenannten Wurzelexsudate sind meist wasserlösliche, pflanzliche Stoffwechselprodukte. Sie stellen leicht verfügbare Kohlenstoff- und Stickstoffquellen für Mikroorganismen dar. Neben Zuckern und Aminosäuren sind auch organische Säuren, wie Essigsäure und Oxalsäure, in Wurzelexsudaten nachgewiesen (Scheffer und Schachtschabel, 2002). Obwohl nur in kleinen Mengen vorhanden, besitzen die organischen Säuren einen großen Einfluss auf den pH-Wert in unmittelbarer Wurzelnähe. Durch die Dissoziation von beispielsweise Oxalsäure in der Bodenlösung werden Protonen freigesetzt, die den pH-Wert lokal stark senken können. Eine detaillierte Beschreibung der Prozesse, die zur Protonen-Freisetzung durch Pflanzenwurzeln in der Rhizosphäre beitragen, gibt Hinsinger *et al.* (2003).

3.5.2 Reduktion von Eisen(III)-Oxiden - Verbrauch von H$^+$

Unter anaeroben Bedingungen werden im gesamten pH-Bereich Eisen(III)-Oxide bei der mikrobiellen Oxidation von Kohlenhydraten (vereinfacht als CH$_2$O dargestellt) reduziert und gelöst. Dabei werden Protonen verbraucht:

$$4\text{FeOOH} + \text{CH}_2\text{O} + 8\text{H}^+ \rightarrow 4\text{Fe}^{2+} + \text{CO}_2 + 7\text{H}_2\text{O}. \quad (3.5)$$

Bei sehr sauren Bedingungen (pH < 3,5) kommt es zu einer Auflösung von schlecht kristallinen Eisenoxiden und -hydroxiden wie beispielsweise Ferrihydrit. Dies führt zu einer Freisetzung von Fe^{3+}-Ionen:

$$\text{FeOOH} + 3\text{H}^+ \rightarrow \text{Fe}^{3+} + 2\text{H}_2\text{O}. \quad (3.6)$$

Somit ist ersichtlich, dass bei sehr sauren pH-Werten < 3,5, wie sie in Waldböden, sulfatsauren Böden und Minenabwässern vorliegen, Fe^{3+}-Ionen in Lösung (Fe^{3+}, $FeOH^{2+}$, $Fe(OH)_2^+$) auftreten. Unter anaeroben Verhältnissen können nach Reduktion von Eisen(III)-Oxiden zu Fe^{2+} ebenso hohe Fe^{2+}-Konzentrationen in der Bodenlösung und im Grundwasser vorkommen.

3.6 Stand der Forschung NMR und Eisen

Eisen(III)-Ionen in Lösung

Je nach pH-Wert sind unterschiedliche Eisen(III)-Komplexverbindungen in Lösung stabil (vgl. Abschnitt 3.2). Bei einem pH-Wert von eins liegt das Eisen ausschließlich in Form des Hexaaquakomplexes $[Fe(H_2O)_6]^{3+}$ vor. Steigt der pH-Wert über 3, dominiert ein Gemisch aus den drei verschiedenen Komplex-Formen $[Fe(H_2O)_6]^{3+}$, $[Fe(H_2O)_5OH]^{2+}$ und $[Fe(H_2O)_4(OH)_2]^+$. Wie schon in Abschnitt 2.2.1 beschrieben, ist die Volumenrelaxation $T_{1,2}^b$ proportional zur Fe^{3+}-Konzentration. Jedoch nimmt die Anzahl der austauschbaren Wassermoleküle in der Hydrathülle mit steigendem pH-Wert ab. Bryar et al. (2000) führen dies als Grund für die Erniedrigung des Einflusses des Eisens auf die Relaxationszeiten an. Somit erklärt sich, dass bei gleich bleibender Fe^{3+}-Konzentration die Relaxationszeit mit größer werdendem pH-Wert zunimmt.

Sorbierte Eisen(III)-Ionen auf Matrixoberflächen

Dreiwertiges Eisen kann an der Oberfläche der Matrix sorbiert werden. Aus einer Untersuchung von Bryar et al. (2000) an Quarzsanden geht hervor, dass bei pH 1 das Eisen noch in Lösung bleibt. Mit steigendem pH-Wert werden die Fe^{3+}-Ionen zunehmend an der Matrixoberfläche adsorbiert. Bei einem pH-Wert von drei sind dies annähernd 20% des gelösten Eisens. Ist Eisen(III) auf Matrixoberflächen sorbiert, hängt die Relaxationsrate von Wasser in einem porösen Material von der Konzentration und von der mineralogischen Form des Eisens ab. Foley et al. (1996) und Bryar et al. (2000) haben gezeigt, dass die Relaxationsrate proportional zur Eisen(III)-Konzentration auf der Matrixoberfläche ist. Keating und Knight (2007) konnten ausserdem nachweisen, dass die Relaxationsrate der Porenlösung ebenfalls durch die mineralogische Form des Eisens beeinflusst wird. Auch Publikationen aus dem medizinischen Bereich zeigen die Abhängigkeit der Relaxationsrate von der Eisen(III)-Konzentration und der mineralogischen Form des Eisens (Gossuin et al., 2004).
Bryar et al. (2000) und Keating und Knight (2007) konnten nachweisen, dass die Gesamtrelaxation maßgeblich durch die Oberflächenrelaxation ($T_{1,2}^s$, vgl. Abschnitt 2.2.2) bestimmt wird.

Bryar et al. (2000) schließen aus ihren Experimenten, dass adsobiertes Eisen(III) wesentlich mehr zur Relaxation der Protonen beiträgt als gelöste Eisen(III)-Ionen. Aus Gleichung 2.10 ist bekannt, dass sich die Oberflächenrelaxation aus dem Oberflächen/Volumen-Verhältnis S/V und der Oberflächenrelaxivität ρ zusammensetzt. Keating und Knight (2007) zeigen, dass S/V bei Ferrihydrit im Vergleich zu Goethit und Hämatit aufgrund der amorphen Kristallstruktur erheblich größer ist. Auch die Oberflächenrelaxivität ist für die verschiedenen Eisen-Oxide unterschiedlich (Keating und Knight, 2007) und nimmt linear mit zunehmender Fe^{3+}-Konzentration zu (Bryar et al., 2000). Bei Magnetit gibt es einen zusätzlichen Beitrag zur Gesamtrelaxation. Durch Feldverzerrungen aufgrund von Suszeptibilitätsunterschieden ("interne Gradienten") kommt es hier zu Diffusionsrelaxation ($T_{1,2}^d$) (Valckenborg et al., 2001; Keating und Knight, 2007).

Eisen(II,III)-Mineralphasen

Foley et al. (1996) haben sich mit dem Einfluss von mineralischen Eisen(III)-Phasen auf die Relaxation beschäftigt. Auch hier dominiert die Oberflächenrelaxation. Die Oberflächenrelaxivität ist linear proportional zu der vorhandenen Konzentration an Eisen(III)-haltigen Mineralphasen. Bryar et al. (2000) untersuchten ein Pseudobrookit-Sand-Gemisch und vermuten, dass bei einer zu 100% durch das Eisen-Mineral belegten Oberfläche die Oberflächenrelaxivität einem Maximalwert plateauartig anstreben wird. Dies passiert natürlich nur dann, wenn alle adsorbierten Wassermoleküle durch ein Eisen(III)-Ion relaxiert werden, auch wenn die Eisen(III)-haltigen Minerale nicht die gesamte Oberfläche innehaben. Die Autoren folgern, dass wenigstens in diesem Fall, Relaxationsmessungen sehr sensitiv auf die Anwesenheit von paramagnetischen Mineralphasen sind. Auch für Eisen(II)-haltige Mineralien zeigen Keating und Knight (2010), dass die Relaxationsrate für erhöhte Eisenkonzentrationen ansteigt. In einer gesonderten Studie wird der Effekt von Magnetit auf die Relaxationsmessungen detailliert untersucht (Keating und Knight, 2008).

3.7 Numerische Methoden - Modellierung

Modelle sind in der Hydrogeologie wichtige Hilfsmittel und spielen beim Verständnis komplexer Systeme eine wichtige Rolle. Auch bei der Interpretation und Darstellung von Daten sowie bei der Planung und Prognose sind sie von großer Bedeutung. Die Entwicklung von Modellen ist eng mit den Anforderungen und Fragestellungen, die zum jeweiligen Zeitpunkt bearbeitet werden, verknüpft. Somit gibt es bereits eine Vielzahl an Modellen, die zur Bearbeitung hydrogeologischer Fragestellungen zur Verfügung stehen und einen sehr großen Anwendungsbereich abdecken. Dazu gehört als hydraulisches Modell MODFLOW (McDonald und Harbaugh, 1988), das schon routinemäßig im Ingenieurbüro eingesetzt wird, wenn das Wasserdargebot und hydraulische Sanierungsmethoden ein wesentliches Thema sind. Parallel zu den hydrogeologischen Modellen wurden Programme zur Berechnung chemischer Reaktionen entwickelt, wie z.B. PHREEQC (Parkhurst und Appelo, 1999), welches auch eindimensionalen Transport beherrscht. Reaktive Transportmodelle verknüpfen alle im Grundwasserleiter ablaufenden Transportprozesse mit Reaktionen. Ein solches Programm zur Berechnung von Transport gekoppelt mit mikrobiellen (kinetischen) Reaktionen ist MIN3P (Mayer et al., 2002). Es berücksichtigt zusätzlich geochemische Gleichgewichtsreaktionen und gehört zu den komplexesten und am weitesten entwickelten Modellen zur Beschreibung reaktiver Transportprozesse.

Neben reaktiven Transportmodellen existieren noch eine Reihe weiterer spezialisierter Modelle, zu denen u.a. Mehrphasenmodelle wie ROCKFLOW (Kolditz et al., 2001) und FEFLOW (Trefry und Muffels, 2007) gehören.

MIN3P

MIN3P ist ein numerisches Modell, das entwickelt wurde, um den reaktiven Transport mehrerer chemischer Spezies im variabel gesättigten, porösen Medium zu simulieren (Mayer et al., 2002; Watson et al., 2003; Mayer et al., 2006). Dies kann für eine, zwei oder drei Dimensionen erfolgen. Betrachtete Gleichgewichtsreaktionen sind wässrige Komplexierung, Gas-Aufteilung zwischen verschiedenen Phasen, Oxidation-Reduktion, Ionenaustausch und Oberflächenkomplexierung. Die flexible Formulierung der Reaktionen erlaubt es, wie bei einem Baukastensystem, Substanzen und Reaktionen zum Modell hinzuzufügen oder zu entfernen. Dies ermöglicht die Anpassung des gesamten Reaktionssystems an sehr unterschiedliche Fragestellungen. MIN3P ist somit in der Lage, sowohl die zeitliche und räumliche Verteilung der interessierenden chemischen Spezies als auch das geochemische Milieu (pH-Wert, Redox-Potential, Alkanität) zu beschreiben.

Abbildung 3.3 zeigt schematisch das Konzept von MIN3P, wobei die wässrige und die Gasphase als mobil angenommen werden und die Festphase als immobil. Die wässrige Phase setzt sich zusammen aus Wasser mit gelösten anorganischen und organischen Komponenten. Die Gasphase enthält die bekannten atmosphärischen Gase und Wasserdampf, aber auch andere Gase (z.B. Methan). Die Festphase besteht aus Mineralen, amorphen Phasen, Oberflächenspezies und organischem Material.

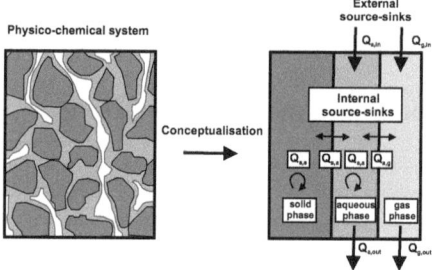

Abb. 3.3: Konzeptualisierung des Modells MIN3P (nach Mayer et al. (2002)).

In MIN3P sind der advektive und dispersive Transport für die wässrige Phase sowie der diffusive Transport in der Gasphase berücksichtigt. Bei der Lösung der Transportgleichung werden die Transport- und Reaktionsterme für die einzelnen chemischen Spezies simultan, also in einem Rechenschritt, gelöst. Dies führt gegenüber anderen Verfahren zu einer höheren Genauigkeit. Die zum Teil nichtlinearen Differentialgleichungen der ungesättigten Wasserströmung werden durch Newton-Iterationen gelöst. Alle Reaktionen können in einer umfassenden Datenbank ("*database*") definiert werden. Die Ausgabe der Ergebnisse erfolgt in ASCII-Dateien, die speziell visualisiert werden müssen.

PEST

Die Kalibrierung von Modellen ist ein wesentlicher Beitrag zur Qualitätssicherung der Modellanwendungen. Bei der Kalibrierung werden die Parameter so lange variiert bis sich eine möglichst gute Übereinstimmung zwischen den vom Modell simulierten Größen und den entsprechenden Messwerten ergibt. Dies geschieht mit Hilfe einer Zielfunktion, die das Verhältnis zwischen modellierten und gemessenen Größen definiert.

Das Programm PEST (Parameter Estimation Tool) (Doherty et al., 1994) ist ein modellunabhängiges Kalibrierungs-Tool. Es ist erprobt als Standartprogramm zur Parameterabschätzung in vielen hydrologischen Anwendungen und basiert auf einem statistischen Ansatz zur Parameterabschätzung. Die vom Benutzer ausgewählten Modellparameter werden in einem vordefinierten Bereich verändert, bis eine optimale Anpassung erzielt wird. Das Programm benutzt die indirekte Methode, bei der eine Zielfunktion minimiert wird. Diese Funktion enthält die Summe der gewichteten Fehlerquadrate von berechneten und gemessenen Zustandsvariablen. Die Minimierung erfolgt mit einem Gradientenverfahren nach Levenberg-Marquardt durch iterative Veränderung der Modellparameter. Das Verfahren kombiniert das Gauß-Newton-Verfahren mit einer Regularisierungstechnik, die absteigende Funktionswerte erzwingt ("steepest descent"). Der Vorteil des Algorithmus ist die schnelle Konvergenz. Der Nachteil ist, dass er an lokalen Minima hängen bleiben kann und diese dann als beste Lösung des Problems liefert.

Als Schnittstelle zwischen PEST und dem Modell dienen zwei Dateien, eine "Template"-Datei und eine "Instruction"-Datei. Die "Template"-Datei ist eine Kopie der Steuerdatei des Modells (in diesem Fall die Steuerdatei von MIN3P), mit dem einzigen Unterschied, dass an der Stelle der abzuschätzenden Parameter Lesezeichen eingesetzt werden. Die "Instruction"-Datei dient als Anleitung, um die Modellergebnisse auslesen zu können. In der PEST-Steuerdatei wird die Anzahl der Parameter sowie deren Bereiche und die Anzahl der Kalibrierungsläufte eingestellt.

Kapitel 4

Relaxation von paramagnetischen Substanzen und Ionen

4.1 Motivation

Bei Abbauprozessen im Grundwasserleiter und im Boden werden viele organische Verbindungen unter aeroben Bedingungen oxidiert und von Mikroorganismen als kohlenstoff- und energielieferndes Substrat benutzt. Wenn der zur Verfügung stehende Sauerstoff verbraucht ist, werden unter anaeroben Bedingungen zunächst Nitrat, dann Eisen- und Manganoxide und Sulfat reduziert. Fragestellung war, ob es unter diesen Elektronenakzeptoren paramagnetische Substanzen und Ionen gibt, die in ihren natürlich vorkommenden Konzentrationen die NMR-Relaxation so beeinflussen, dass es möglich ist, aus Messungen der Relaxationszeiten auf den unbekannten Ionengehalt zu schließen.

In diesem Kapitel werden Messungen der longitudinalen Relaxationszeit T_1 an Lösungen, die paramagnetische Substanzen und Ionen (Sauerstoff, Eisen(III)- & Eisen(II)-Ionen) enthalten, ohne und mit porösem Medium (Glaskugelschüttungen) präsentiert. Als sauerstoffhaltige Lösungen wurde nicht nur destilliertes Wasser verwendet, sondern auch ein Erfrischungsgetränk (Active O_2) und eine Nährlösung. Die beiden letztgenannten Lösungen wurden verwendet, um einerseits einen stark erhöhten Sauerstoffgehalt zu erreichen (Active O_2) und andererseits um den Einfluss einer hohen Konzentration an gelösten, nicht-paramagnetischen Ionen beurteilen zu können (Nährlösung). Die Eisen-Lösungen wurden speziell für die Versuche mit einer bekannten, vorgegebenen Konzentration angesetzt. Als poröses Medium wurden Glaskugeln verschiedener Durchmesser (0,8; 1; 2;und 3 mm) verwendet, um den Einfluss der zusätzlichen Oberfläche auf die Relaxation abzuschätzen.

4.2 Probenmaterial und Vorgehensweise

In diesem Abschnitt werden das verwendete Probenmaterial und die Vorgehensweise beschrieben. Nach der Erläuterung der Herstellung der sauerstoff- und eisenhaltigen Lösungen, sowie der Herkunft der Glaskugeln wird kurz auf die Durchführung und Auswertung der Messungen eingegangen.

4.2.1 Herstellung der verwendeten Lösungen

Sofern für den Ansatz von Lösungen Wasser verwendet wurde, handelte es sich um destilliertes Wasser. Es wurde, mit Ausnahme der Sauerstofflösungen, jeweils eine Stammlösung hergestellt und aus dieser die weiteren Konzentrationen entsprechend verdünnt. Eine Zusammenfassung der verwendeten Chemikalien und Materialien ist dem Anhang A zu entnehmen.

Sauerstoff-Lösungen

Für die Messungen mit unterschiedlichen Konzentrationen an gelöstem Sauerstoff standen drei verschiedene Lösungen zur Verfügung: destilliertes Wasser, ein Erfrischungsgetränk und eine Nährlösung. Das Erfrischungsgetränk ist als Active O_2 im Handel erhältlich. Die produzierende Firma Adelholzener Alpenquellen GmbH gibt an, dass dieses Wasser mit der 15-fachen Menge an natürlichem Sauerstoff gegenüber normalem Adelholzener Mineralwasser (2-4 mg/l) angereichert ist. Die Nährlösung ist eine Salzlösung in Anlehnung an Hoagland und Arnon (1950), die zur Aufzucht von Pflanzen ohne Boden dient. Sie besteht aus unterschiedlichen Mengenanteilen der folgenden Verbindungen: KNO_3, $MgSO_4$, $Ca(NO_3)_2$, $NH_4H_2PO_4$ und $FeCl_2$. Die genaue Zusammensetzung der Lösung entspricht der Solution I aus Moormann et al. (2002). Im Vergleich zum Erfrischungsgetränk sind in der Nährlösung beispielsweise Calcium- (zweifach) und Kalium-Ionen (hundertfach) deutlich erhöht. Das vorhandene zweiwertige Eisen in $FeCl_2$ ist notwendig für die Chlorophyllsynthese der Pflanzen, beeinflusst aber die NMR-Relaxationszeiten nicht.

Bestimmung des Sauerstoffgehalts

Der Sauerstoffgehalt wurde wie im Folgenden beschrieben präpariert. Das destillierte Wasser wurde für eine Minute gekocht und dann eine Mischungsreihe aufgestellt. In dieser Reihe wurde gekochtes Wasser mit Wasser, das sich im Gleichgewicht mit Luftsauerstoff befand, in unterschiedlichen Mengen gemischt. Eine Probe des Erfrischungsgetränkes wurde in ein Probenröhrchen umgefüllt und schnellstmöglich luftdicht verschlossen. Zwei andere Proben wurden für drei Stunden im offenen Probenröhrchen stehen gelassen, damit ein Luftaustausch stattfinden konnte. Ein Teil der Nährlösung wurde für 10 Minuten mit Stickstoff durchströmt, ein anderer Teil gekocht. Im Anschluss daran wurde eine Mischungsreihe wie beim destillierten Wasser hergestellt. Nach der Herstellung wurden alle bis zum Rand gefüllten Probenröhrchen sofort luftdicht verschlossen. Es wurde gewartet bis alle Proben auf Raumtemperatur abgekühlt waren und dann im NMR-Spektrometer gemessen. Direkt nach der Messung wurden die Proben geöffnet und der Sauerstoffgehalt gemessen. Diese Messung erfolgte mit dem Taschen-Sauerstoffmessgerät Oxi 330i der Firma WTW (Wissenschaftlich-Technische Werkstätten GmbH), ausgerüstet mit dem Sensor CellOx® 325, einem membranbedeckten galvanischen Sauerstoffsensor mit Temperaturkompensation. Das Gerät wurde vor jeder Messreihe an Luftsauerstoff kalibriert.

Eisen(III)-chlorid-Lösung

Für Eisen(III)-chlorid wurden aus Eisen(III)-chlorid-Heptahydrat zwei verschiedene Stammlösungen mit je 100 g/l Fe^{3+}-Ionen angesetzt: Die erste Stammlösung wurde zuvor mit Salzsäure angesäuert, die zweite Stammlösung wurde nicht angesäuert.

Bei der ersten Konzentrationsreihe wurde das destillierte Wasser vor Zugabe des Eisen(III)-chlorid-Hexahydrat mit Salzsäure HCl (10%-ig) auf einen pH von eins angesäuert. Es wurden folgende Fe^{3+}-Konzentrationsstufen hergestellt 2, 4, 6, 8, 10, 20, 40, 60, 80, 100, 200, 400, 600, 800, 1000 mg/l. Es bilden sich die nur in salzsaurer Lösung beständigen, braungelben Chloroferrate(III), beispielsweise $FeCl_6^{3-}$.

Für die zweite Konzentrationsreihe wurden aus der nicht angesäuerten Stammlösung zehn Lösungen mit einer Fe^{3+}-Ionenkonzentration von 1 bis 10 mg/l verdünnt, in Schritten von 1 mg/l. Da in dieser Konzentrationsreihe keine Säure zugegeben wurde, variiert der pH-Wert der einzelnen verdünnten Lösungen. Für alle Lösungen kleiner 10 mg/l liegt der pH-Wert zwischen drei und fünf, d.h. die Fe^{3+}-Ionen liegen in Komplexen vor. Bei pH-Werten über drei ist des Weiteren dreidavon auszugehen, dass Fe^{3+}-Ionen z.T. ausfallen. Weitere Fe^{3+}-Konzentrationen, die angesetzt wurden sind 20, 40, 60, 80, 100, 200, 400, 600, 800, 1000 mg/l. Der pH-Wert dieser Proben ist deutlicher niedriger und liegt in Bereichen von zwei bis eins. Alle Proben wurden direkt nach dem Ansetzen gemessen, da vor allem die gering konzentrierten Lösungen zeitlich wenig stabil sind, und die ausgefallenen Fe^{3+}-Ionen der Lösung nicht mehr zur Verfügung stehen.

Eisen(II)-sulfat-Lösung

Die Eisen(II)-sulfat-Lösungen wurden aus einer Eisen(II)-sulfat-Heptahydrat-Stammlösung in den Konzentrationen 2, 4, 6, 8, 10, 20, 40, 60, 80, 100 mg/l hergestellt. Der pH-Wert aller Lösungen liegt bei vier. Um eine Oxidation zu Eisen(III)-Ionen zu simulieren, wurden 3 ml angesäuerte Eisen(II)-sulfat-Lösung unterschiedlicher Konzentrationen mit einem Tropfen Wasserstoffperoxid (H_2O_2) (30%-ig) versetzt.

4.2.2 Verwendete Glaskugelschüttungen

Die verwendeten Glaskugeln sind SiLiBeads Typ P der Firma Sigmund Lindner GmbH und bestehen aus Borosilikatglas, welches sich durch einen sehr hohen Anteil an Quarz ($SiO_2 > 80\%$) und einen geringen Anteil an oxidischen Begleitstoffen wie Eisenoxid (z.B. 160 ppm Fe_2O_3) auszeichnet. Des Weiteren besitzen die Glaskugeln eine hohe Präzission hinsichtlich der Durchmesser, der Rundheit und der Oberfläche. Es wurden Glaskugeln mit vier verschiedenen Durchmessern (0,8; 1; 2; 3 mm) verwendet. Dabei wurden nur die jeweiligen Fraktionen genutzt, es fanden keine Mischungen statt. Dies erlaubte die Simulation definierter, sehr enger Korngrößenverteilungen.

4.2.3 Durchführung und Auswertung der Messungen

Die NMR-Messungen wurden an den Spektrometern MARAN DRX und FEGRIS NT bei einer Protonen-Resonanzfrequenz von 9,1 MHz bzw. 125 MHz durchgeführt (vgl. Abschnitt 2.8). Die Proben für das MARAN DRX hatten einen Außendurchmesser von 2 cm und waren komplett mit Flüssigkeit gefüllt und verschlossen. Für das FEGRIS NT hatten die Probenröhren einen äußeren Durchmesser von 7,5 mm und waren ebenfalls komplett gefüllt und verschlossen. Für die Messungen der longitudinalen und der transversalen Relaxationszeiten T_1 und T_2 wurden die Inversion Recovery und die CPMG Pulssequenz verwendet (vgl. Abschnitt 2.6).

4.3 Relaxation in Lösung

4.3.1 Sauerstoff in Lösung

In Abbildung 4.1 sind die longitudinalen Relaxationsraten ($1/T_1^b$) für destilliertes Wasser und das Erfrischungsgetränk Active O_2 sowie für die Nährlösung als Funktion der Konzentration von gelöstem Sauerstoff bei einer Protonen-Resonanzfrequenz von 9,1 MHz dargestellt. Aufgrund der geringen Konzentrationen an anderen Inhaltsstoffen im Erfrischungsgetränk Active O_2 wurde es mit dem destillierten Wasser zusammengefasst (gefüllte Punkte). Gegenüber diesen beiden Fluiden ist die Ionenkonzentration (v.a. von Ca^{2+} und K^+) in der Nährlösung deutlich erhöht (vgl. Abschnitt 4.2) und wurde somit separat dargestellt (Punkte ohne Füllung).

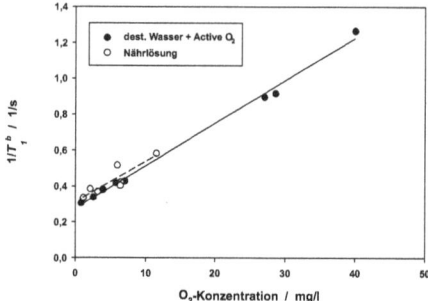

Abb. 4.1: Abhängigkeit der longitudinalen Relaxationsrate $1/T_1^b$ von der gelösten Sauerstoffkonzentration für destilliertes Wasser + Active O_2 (gefüllte Punkte) im Vergleich zur Nährlösung (Punkte ohne Füllung) bei einer Protonen-Resonanzfrequenz von 9,1 MHz.

Für alle Lösungen steigt die Relaxationsrate $1/T_1^b$ linear mit zunehmendem Anteil an gelöstem Sauerstoff an. Eine lineare Anpassung an die Datenpunkte erfolgte auf Basis der Gleichung

$$\frac{1}{T_1} = \frac{1}{T_1^b} + R_1 \cdot c. \qquad (2.13)$$

Für destilliertes Wasser + Active O_2 liegen die Punkte sehr gut auf der angepassten Geraden. Für die Nährlösung sind die Abweichungen von der Geraden deutlich größer. Generell ist der Verlauf der beiden linearen Anpassungen fast parallel, die der Nährlösung ist leicht zu höheren Relaxationsraten verschoben. Dies deutet darauf hin, dass die Anwesenheit einer hohen Konzentration an nicht-paramagnetischen Ionen in der Nährlösung die Viskosität der Flüssigkeit und damit die Relaxation der Protonen geringfügig beeinflusst. Mit steigender Viskosität des Fluids nimmt die Relaxationsrate zu (vgl. Abschnitt 2.2.1).
Die lineare Anpassung und somit Lösung der Gleichung 2.13 ergibt die Werte für die longitudinale Relaxationsrate von sauerstofffreiem Wasser $1/T_1^b(0)$ und die Relaxivität von Sauerstoff $R_1(O_2)$ (vgl. Tab. 4.1). Die Relaxivitäten der Sauerstoff-Lösungen liegen bei 0,0237 l/s·mg für destilliertes Wasser beziehungsweise Active O_2 und bei 0,0226 l/s·mg für die Nährlösung.

4.3. RELAXATION IN LÖSUNG

Hausser und Noack (1965) beschreiben die Frequenzabhängigkeit der Protonenrelaxationszeiten T_1, T_2 in sauerstoffhaltigem Wasser. Zum Vergleich, Hausser und Noack (1965) geben für Wasser und eine Larmorfrequenz von 28 MHz eine Relaxivität von 0,0086 l/s·mg und Nestle et al. (2003) bei 22 MHz ein $R_1(O_2)$ von 0,0094 l/s·mg an. Die Zunahme der Relaxivität mit abnehmender Feldstärke wurde in dieser Arbeit bestätigt.

Tabelle 4.1: $1/T_1^b(0)$ und R_1 für die Sauerstoff- und Eisen(II,III)-Lösungen.

	$1/T_1^b(0)$ 1/s	R_1 l/s·mg	R^2
Sauerstoff-Lösungen:			
dest. Wasser + Active O_2	0,2761	0,0237 ± 0,0007	>0,99
Nährlösung	0,3127	0,0226 ± 0,0043	>0,82
Eisen-Lösungen:			
Eisen(III)-Lösungen	0,1907	0,1916 ± 0,0034	>0,99
Eisen(II)-Lösungen	0,3491	0,0058 ± 0,0001	>0,99

4.3.2 Eisen(III) in Lösung

In Abbildung 4.2 ist die Abhängigkeit der longitudinalen Relaxationsrate $(1/T_1^b)$ von der Konzentration der Fe^{3+}-Ionen in Lösung dargestellt. Der Konzentrationsbereich der Fe^{3+}-Ionen von 0 bis 100 mg/l, wie er auch natürlich in (Grund)wässern vorkommen kann, wurde dabei abgedeckt. Die Relaxationsrate steigt linear mit der Fe^{3+}-Konzentration an. Die Relaxivität der Eisen(III)-Ionen beträgt nach Gleichung 2.13 $R_1(Fe^{3+})$ = 0,1916 ± 0,0034 l/s·mg bei 125 MHz (vgl. Tab. 4.1).

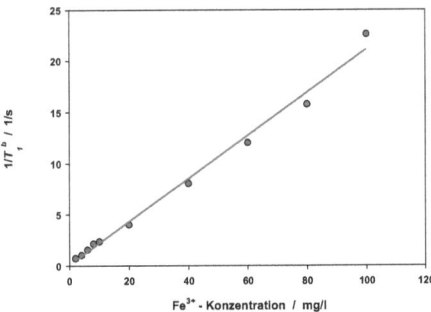

Abb. 4.2: Abhängigkeit der longitudinalen Relaxationsrate $1/T_1^b$ von der gelösten Fe^{3+}-Konzentration bei einem pH-Wert von eins bei einer Protonen-Resonanzfrequenz von 125 MHz.

Zu beachten ist, dass der pH-Wert der in Abbildung 4.2 dargestellten Lösungen durch die Zugabe von Säure auf einen Wert von eins eingestellt ist. Wie schon im Abschnitt 3.6 beschrieben, gibt es einen deutlichen Einfluss des pH-Wertes auf die Relaxation der Eisen(III)-Ionen in Lösung. Um diesen Einfluss des pH-Wertes zu untersuchen, wurde eine weitere Konzentrationsreihe an Eisen(III)-Lösungen hergestellt, die nicht angesäuert wurden. Das verwendete Eisen(III)-chlorid-Hexahydrat reagiert in Wasser sauer und erniedrigt somit den pH-Wert, wenn es in Lösung geht. Es ergeben sich die folgenden pH-Werte, die in Tabelle 4.2 aufgelistet sind (vgl. Abschnitt 4.2). Der pH-Wert des destillierten Wassers ist leicht sauer (pH-Wert von fünf), da sich Kohlendioxid aus der Umgebungsluft darin löst. Die letztendlich im Wasser gelöste Kohlendioxidmenge wird von der Kohlendioxidkonzentration in der umgebenden Atmosphäre bestimmt. Das gelöste Kohlendioxid reagiert mit dem Wasser und bildet Kohlensäure.

Tabelle 4.2: pH-Werte der nicht angesäuerten Fe^{3+}-Lösungen.

Fe^{3+}-Konzentration mg/l	pH
0	5
1 - 10	5 - 3
10 - 100	3 - 2
100 - 1000	2 - 1

Abbildung 4.3 zeigt die pH-Abhängigkeit der Relaxation der Eisen(III)-Lösungen. Dargestellt sind die nicht angesäuerten Lösungen (grüne Punkte) im Vergleich zu den angesäuerten Lösungen aus Abb. 4.2 (orange Punkte), sowie die lineare Anpassung an die angesäuerte Lösung, verlängert bis zu 1000 mg/l (graue Linie). Weiterhin ist für die nicht angesäuerten Lösungen zu beachten, dass die angesetzten Fe^{3+}-Konzentrationen angegeben sind, die nicht den wahren Fe^{3+}-Gehalten zum Zeitpunkt der Messung entsprechen müssen. In der Abbildung ist

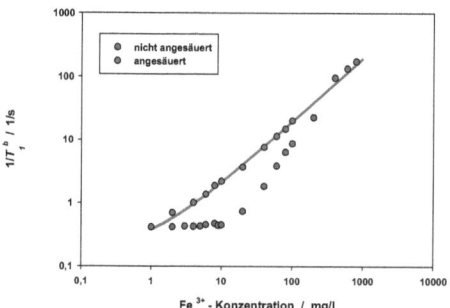

Abb. 4.3: Abhängigkeit der longitudinalen Relaxationsrate $1/T_1^b$ von der totalen Fe^{3+}-Konzentration für die angesäuerte (orange Punkte) und für die nicht-angesäuerte (grüne Punkte) Konzentrationsreihe, Darstellung doppelt-logarithmisch.

deutlich zu erkennen, dass es bei den nicht angesäuerten Lösungen im Konzentrationsbereich 1-10 mg/l kaum Veränderung der Relaxationsrate bei steigender Fe^{3+}-Konzentration gibt. Grund hierfür ist der pH-Wert von drei bis fünf. Aus dem Stabilitätsdiagramm aus Abschnitt 3.1 ist bekannt, dass Fe^{3+}-Ionen bei pH-Werten von > 3 in Lösung nicht mehr stabil sind. Es kann also davon ausgegangen werden, dass fast alle Fe^{3+}-Ionen ausgefallen sind und somit keinen Einfluss mehr auf die Volumenrelaxation haben. Im Gegensatz dazu ist für die angesäuerte Lösung in diesem Konzentrationsbereich erkennbar, dass auch ein geringer Anstieg in der Eisen(III)-Konzentration in Lösung zu einer deutlichen Erhöhung der Relaxationsrate führt. Mit steigender Fe^{3+}-Konzentration über 10 mg/l steigt auch die Relaxationsrate der nicht angesäuerten Lösung. Die Werte liegen jedoch noch deutlich unter denen der angesäuerten Lösung. Selbst bei einer Konzentration von über 100 mg/l gibt es noch deutliche Abweichungen zwischen beiden Daten. Dies zeigt, dass mit zunehmender Konzentration an Fe^{3+}-Ionen in Lösung der pH-Wert sinkt und durch die Bildung von Aquakomplexen mehr Ionen in Lösung verbleiben (vgl. Abschnitt 3.2). Die Anzahl der austauschbaren Wassermoleküle in der Hydrathülle der vorhandenen Komplexe bestimmt den Einfluss auf die NMR-Relaxation (vgl. Abschnitt 3.6). Erst bei ca. 400 mg/l Fe^{3+}-Ionen erreichen die Werte der nicht angesäuerten Lösung den erwarteten Bereich, entsprechend der angesäuerten Lösung. Der pH-Wert beträgt demzufolge etwa eins, so dass alle Fe^{3+}-Ionen in Lösung verbleiben. Somit ist ausschließlich $[Fe(H_2O)_6]^{3+}$ in Lösung, welches den größten Einfluss auf die Relaxation hat.

4.3.3 Eisen(II) in Lösung

Abbildung 4.4 zeigt die Relaxationsrate $1/T_1^b$ in Abhängigkeit von der Konzentration an gelösten Fe^{2+}-Ionen. Auch für Fe^{2+}-Ionen existiert ein linearer Zusammenhang zwischen der Ionenkonzentration in Lösung und der Relaxationsrate. Es ergibt sich basierend auf Gleichung 2.13 eine Relaxivität für Eisen(II)-Ionen $R_1(Fe^{2+})$ von $0{,}0058 \pm 0{,}0001$ l/s·mg bei 125 MHz (vgl. Tab. 4.1).

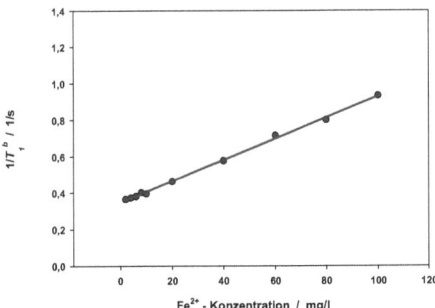

Abb. 4.4: Abhängigkeit der longitudinalen Relaxationsrate $1/T_1^b$ von der gelösten Fe^{2+}-Konzentration bei einem pH-Wert von vier bei einer Protonen-Resonanzfrequenz von 125 MHz.

Die Skalierung der y-Achse in Abbildung 4.4 ist genauso gewählt wie in Abbildung 4.1 für

Sauerstoff. Somit ist auf den ersten Blick zu erkennen, dass trotz des größeren Konzentrationsbereiches der Fe^{2+}-Ionen (bis 100 mg/l) der Einfluss auf die Relaxationsrate wesentlich geringer ist als bei Sauerstoff in Lösung. Bei einer Eisen(II)-Konzentration von 100 mg/l wird eine Relaxationsrate von 0,9 1/s nicht überschritten. Bei Sauerstoff wird dieser Wert bereits bei 30 mg/l erreicht.

4.3.4 Oxidation von Eisen(II) zu Eisen(III) in Lösung

Der deutliche Unterschied im Einfluss auf die Relaxation zwischen Eisen(III)- und Eisen(II)-Ionen bietet die Möglichkeit Umwandlungsprozesse zwischen den Spezies zu messen, indem An- bzw. Abwesenheit von Eisen(III)-Ionen sichtbar gemacht werden. Am Beispiel einer Oxidation von Eisen(II)- zu Eisen(III)-Ionen in Lösung soll gezeigt werden, dass Redoxprozesse mittels NMR-Relaxationszeitmessung visualisiert werden können. Die Ergebnisse sind in Tabelle 4.3 dargestellt. Bei einem pH von 1 ist eine deutliche Verkürzung der T_1-Relaxationszeit um ein bis zwei Größenordnungen in den Lösungen nach der Oxidation erkennbar. Der Grund ist die Entstehung von Fe^{3+}-Ionen. Bei einem pH von 4 gibt es ebenfalls eine Verkürzung in den Relaxationszeiten nach der Oxidation zu Eisen(III). Jedoch ist der pH-Wert noch so hoch, dass Fe^{3+}-Ionen aus der Lösung ausfallen. Damit beträgt die Verkürzung maximal eine Größenordnung.

Tabelle 4.3: T_1-Relaxationszeiten von Eisen-Lösungen vor und nach der Oxidation.

Fe^{2+}	T_1 vor der Oxidation	T_1 nach der Oxidation	
		pH 4	pH 1
mg/l	ms	ms	ms
20	2158	1601	167
80	1249	360	65
100	1072	273	59

4.4 Relaxation im porösen Medium

4.4.1 Sauerstoff mit porösem Medium

Um den Einfluss von Oberflächen auf die Relaxation abzuschätzen, werden im Folgenden Glaskugeln als einfaches poröses Medium verwendet. In Abbildung 4.5 sind die Ergebnisse der Relaxationszeitmessungen für die Nährlösung mit Glaskugeln der Durchmesser 0,8; 1; 2 und 3 mm in Abhängigkeit vom Sauerstoffgehalt (1-11 mg/l) dargestellt. Für die Glaskugeln mit den großen Durchmessern von 2 und 3 mm liegen die Datenpunkte gestreut um die Gerade der reinen Nährlösung ohne poröses Medium (gestrichelte Linie). Auf zusätzliche lineare Plots für diese beiden Kugelgrößen wurde der besseren Übersichtlichkeit wegen verzichtet. Die größten Glaskugeln verstärken die Relaxation der Protonen nicht. Die Relaxation wird dominiert durch die Volumenrelaxation (vgl. Abschnitt 2.2.1). Die Oberflächenrelaxivität spielt hier keine Rolle, da nur wenige Protonen überhaupt mit der Oberfläche einer Glaskugel in Kontakt kommen. Dagegen liegt die Relaxationsrate für die kleineren Kugeldurchmesser von 0,8 und 1 mm über

4.4. RELAXATION IM PORÖSEN MEDIUM

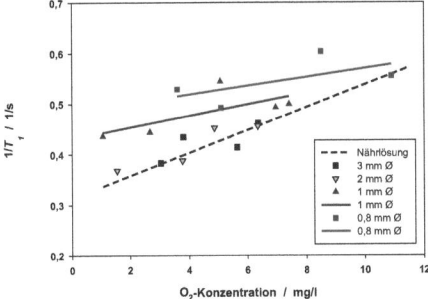

Abb. 4.5: Abhängigkeit der longitudinalen Relaxationsrate $1/T_1$ von der Sauerstoffkonzentration für die Nährlösung im porösen Medium (Glaskugeln der Durchmesser 0,8; 1; 2 und 3 mm) bei einer Protonen-Resonanzfrequenz von 9,1 MHz.

denen der reinen Nährlösung. Die Relaxationszeit ist kürzer als in der reinen Lösung. Dies ist zurückzuführen auf den zusätzlichen Effekt der Oberfläche ($1/T_1^s$, vgl. Abschnitt 2.2.2). Obwohl die beiden Durchmesser nur gering voneinander abweichen, ist der Unterschied in der Relaxationsrate deutlich. Je kleiner die Korngröße, desto größer wird das Oberflächen/Volumen-Verhältnis und dementsprechend nimmt der Einfluss der Oberflächenrelaxation zu. Weiterhin ist erkennbar, dass die Geraden nicht parallel zueinander verlaufen. Die Abweichung des porösen Mediums zur reinen Nährlösung ist bei sehr geringen Sauerstoffkonzentrationen am größten, bei höheren Konzentrationen nähern sich die Geraden an. Dies ist durch die Addition der Relaxationsraten erklärbar. Gleichung 4.1 zeigt, dass der Einfluss der Oberfläche des Mediums bei geringsten Sauerstoffgehalten am größten ist. Bei großen Sauerstoffgehalten dominiert die Konzentration der paramagnetischen Substanz. Aus den Gleichungen 2.12, 2.10 und 2.13 ergibt sich:

$$\frac{1}{T_1} = \frac{1}{T_1^b} + \frac{1}{T_1^s} + R_1 \cdot c = \frac{1}{T_1^b} + \rho_1 \cdot \frac{S}{V} + R_1 \cdot c. \tag{4.1}$$

Für den Schnittpunkt mit der y-Achse (Sauerstoffgehalt von 0 mg/l) lassen sich bei Kenntnis von $1/T_1^b$ (vgl. Tab. 4.1) die Verhältnisse $\rho_1 \cdot S/V$ für alle Korngrößen abschätzen. Sie sind in Tabelle 4.4 zusammengestellt. Es ist zu erkennen, dass bei den kleinen Korngrößen das Verhältnis $\rho_1 \cdot S/V$ um fast eine Größenordnung größer ist. Durch die Addition der Relaxationsraten (vgl. Gl. 4.1) dominiert dieser Term bei kleinen Durchmessern (< 1 mm). Bei größeren Durchmessern spielt die Oberflächenrelaxation eine untergeordnete Rolle. In Tabelle 4.4 und Abbildung 4.5 ist ersichtlich, dass der Einfluss der Oberfläche von Korngrößen kleiner als 1 mm Durchmesser schon bei geringen Sauerstoff-Konzentrationen sehr dominant ist. Bei Konzentrationen über 10 mg/l scheint der Einfluss der Volumenrelaxation und damit des paramagnetischen Sauerstoffs zu dominieren.

Tabelle 4.4: $\rho_1 \cdot S/V$ bei einer Sauerstoff-Konzentration von 0 mg/l.

	$1/T_1(0)$ 1/s	$\rho_1 \cdot S/V$ 1/s
0,8 mm	0,4842	0,1715
1 mm	0,4308	0,1181
2 mm	0,3315	0,0188
3 mm	0,3502	0,0375

4.4.2 Eisen(III) mit porösem Medium

In Abbildung 4.6 ist die Abhängigkeit der Relaxationsrate von der Fe^{3+}-Konzentration in Lösung für Glaskugeln mit einem Durchmesser von 0,8 mm dargestellt. Zum Vergleich ist die Relaxationsrate der reinen Lösung (orange Linie, vgl. Abb 4.2) eingefügt. Beide Lösungen wurden vorher auf einen pH-Wert von eins angesäuert. Die gemessenen Relaxationsraten der Proben mit vorhandenem Medium sind deutlich größer als bei reiner Lösung, was den Einfluss der Oberfläche widerspiegelt. Wie schon ausführlich beschrieben wurde, führt die Anwesenheit der Glaskugeln zu einem zusätzlichen Oberflächeneffekt, der von $\rho_1 \cdot S/V$ bestimmt wird. Das Verhältnis $\rho_1 \cdot S/V$ wurde mit Hilfe von Gleichung 4.1 für eine Fe^{3+}-Konzentration von 0 mg/l errechnet und beträgt 0,4487 1/s. Bei geringen Fe^{3+}-Konzentrationen ist der Unter-

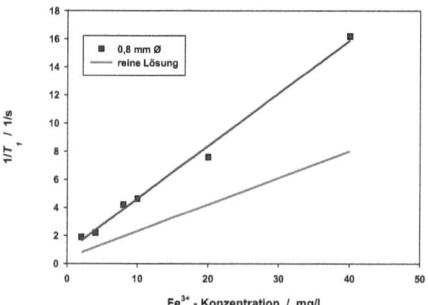

Abb. 4.6: Abhängigkeit der longitudinalen Relaxationsrate $1/T_1$ von der gelösten Fe^{3+}-Konzentration im porösen Medium (Glaskugeln mit einem Durchmesser von 0,8 mm) bei einem pH-Wert von eins bei einer Protonen-Resonanzfrequenz von 125 MHz.

schied in der Relaxationsrate zwischen reiner Lösung und Lösung mit porösem Medium kleiner als bei höheren Fe^{3+}-Konzentrationen. Ein Grund hierfür kann das Ausfallen von Fe^{3+}-Ionen auf den anwesenden Glasoberflächen bei geringen Eisen-Konzentrationen in der Porenlösung sein. Ein Herauslösen von Fe^{3+}-Ionen aus den Glaskugeln als Ursache für den Unterschied in der Relaxationsrate kann ausgeschlossen werden, da der pH-Wert im gesamten Konzentrationsbereich bei eins lag, und Glaskugeln aus Borosilikatglas verwendet wurden, die nur sehr geringe Konzentrationen an Eisen enthalten (vgl. Abschnitt 4.2.2).

4.4.3 Eisen(II) mit porösem Medium

Für Fe^{2+}-Ionen sind die Ergebnisse der Messung der Relaxationsraten in Lösung mit 2 mm Glaskugeln in Abbildung 4.7 dargestellt. Die Relaxationsrate der Fe^{2+}-Lösung mit Glaskugeln ist im Vergleich zur reinen Lösung (lila Linie, vgl. Abb. 4.4) zu größeren Raten hin verschoben. Deutlich zu erkennen ist die Parallelität der beiden Geraden. Das Verhältnis $\rho_1 \cdot S/V$ für den Schnittpunkt mit der y-Achse (Fe^{2+}-Konzentration von 0 mg/l) beträgt 0,0627 1/s.

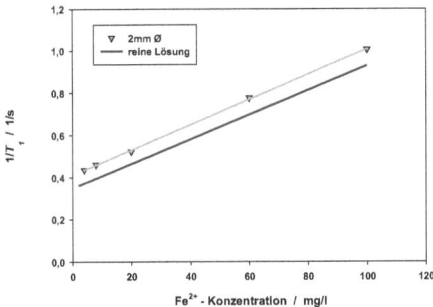

Abb. 4.7: Abhängigkeit der longitudinalen Relaxationsrate $1/T_1$ von der gelösten Fe^{2+}-Konzentration im porösen Medium (Glaskugeln mit einem Durchmesser von 2 mm) bei einem pH-Wert von vier bei einer Protonen-Resonanzfrequenz von 125 MHz.

4.5 Zusammenfassung

Ziel der Untersuchung der Relaxation in Abhängigkeit von der Konzentration gelöster Ionen war es festzustellen, ob paramagnetische Substanzen und Ionen, die bei Abbauprozessen im Grundwasserleiter als Elektronenakzeptoren verbraucht werden, auch die NMR-Relaxationszeiten beeinflussen. Mit Hilfe einer Kalibration sollte es möglich sein aus Messungen der Relaxationszeiten T_1 und T_2 quantitative Aussagen über die Konzentration des paramagnetischen Ions in Wässern mit unbekanntem Gehalt treffen zu können. Für Sauerstoff und die Eisen(II,III)-Ionen konnte eine lineare Abhängigkeit der Relaxationsrate von der Ionenkonzentration in Lösung nachgewiesen werden. Dies gilt nicht nur für die bisher in der Literatur beschriebenen Konzentrationsbereiche. Erstmals konnte für Sauerstoff im Bereich unter 10 mg/l die Linearität gezeigt werden. Dabei handelt es sich um Konzentrationsbereiche wie sie beispielsweise in natürlichen Wässern vorkommen. Für Eisen(II) ist die Abhängigkeit der Relaxation von der Konzentration kürzlich von Jaeger *et al.* (2008) gezeigt, jedoch nicht explizit als lineare Funktion bezeichnet worden.

Beim Vergleich zwischen allen untersuchten Substanzen und Ionen in Lösung kann festgestellt werden, dass die Größe des paramagnetischen Einflusses auf die Relaxation sehr unterschiedlich ist. Eisen(III)-Ionen verkürzen die Relaxationszeit am stärksten, Eisen(II)-Ionen am geringsten (vgl. Abb. 4.8). Als Ursache sind die unterschiedlichen Elektronenspins anzusehen. Je höher der Elektronenspin, desto größer ist die Relaxationsrate. Beispielsweise haben alle Eisen(III)-Ionen, gelöst im Wasser, einen Elektronenspin von $I=\frac{5}{2}$. Dagegen besitzen gelöste Eisen(II)-Ionen einen Elektronenspin von $I=2$ (vgl. Abschnitt 2.3).

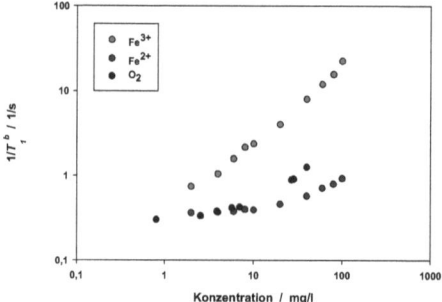

Abb. 4.8: Abhängigkeit der longitudinalen Relaxationsrate $1/T_1^b$ von der Konzentration von Sauerstoff, Eisen(II)- und Eisen(III)-Ionen in Lösung, Darstellung doppeltlogarithmisch.

Für Sauerstoff konnten durch die Verwendung des Erfrischungsgetränks Active O_2 Konzentrationen bis zu 40 mg/l erreicht werden. Der Unterschied in der Relaxationsrate beträgt fast eine Größenordnung (1 1/s). Über diesen Konzentrationsbereich ist eine Kalibration sehr gut möglich. Sollen jedoch genaue Aussagen für Sauerstoffkonzentrationen von 0 bis zu 10 mg/l getroffen werden, ist festzustellen, dass die Änderung in der Relaxationsrate sehr gering ist (0,25 1/s). Auch die Unsicherheit bei der Bestimmung der Sauerstoffkonzentration ist relativ groß. In diesen geringen Konzentrationsbereichen können aus NMR-Relaxationszeitmessungen keine exakten Rückschlüsse auf die Sauerstoffkonzentration gezogen und sichere Aussagen getroffen werden.

Weiterhin konnte gezeigt werden, dass eine hohe Ionen-Konzentration, auch wenn es sich nicht um paramagnetische Substanzen oder Ionen handelt, durch den Einfluss auf die Viskosität, auch die Relaxation der Wasserprotonen beeinflussen. Es kommt zu einer Verschiebung in den Relaxationsraten hin zu höheren Werten. Dies ist im Besonderen zu beachten, wenn Labor-Experimente durchzuführen sind, die die Verwendung einer Nährlösung erfordern, beispielsweise mit Pflanzen und Biofilmen.

Mit steigender Eisen(III)-Konzentration in Lösung steigt die Relaxationsrate an. Eisen(III)-Ionen beeinflussen die Relaxationsrate stärker als Sauerstoff und Eisen(II)-Ionen. Bei einer Konzentrationsänderung von 1 mg/l auf 100 mg/l ist eine Änderung in der Relaxationsrate um zwei Größenordnungen zu beobachten. Dies gilt auch für den Bereich der geringen, natürlich vorkommenden Konzentrationen. Abbildung 4.8 zeigt, dass eine sehr gute Kalibration möglich ist, um aus NMR-Messungen den Fe(III)-Gehalt einer unbekannten Lösung zu bestimmen. Zu beachten ist dabei jedoch der pH-Wert der untersuchten Proben. Es konnte gezeigt werden, dass der pH-Wert einen sehr großen Einfluss auf die Löslichkeit des Eisen(III)-Ions hat und damit auch in welcher Form es in Lösung vorliegt, welche wiederum die Relaxation beeinflusst. Dabei spielen die Aquakomplexe des Eisens eine wichtige Rolle. So konnte die von Bryar et al. (2000) beschriebene Komplexierung bei Bedingungen unter einem pH-Wert von drei gezeigt werden. Eisen(II)-Ionen in Lösung haben von den untersuchten Ionen den geringsten Einfluss auf die Volumenrelaxation. Dieser deutliche Unterschied im Einfluss auf die Relaxation zwischen den Eisen(III)- und Eisen(II)-Ionen bietet die Möglichkeit Umwandlungsprozesse zwischen beiden Spezies ab Konzentrationen von einigen mg/l meßtechnisch erfassen zu können. Am Beispiel einer Oxidation von Eisen(II) zu Eisen(III) in Lösung konnte gezeigt werden, dass Redoxprozesse mittels NMR-Relaxationszeitmessung visualisiert werden können.

Werden poröse Medien betrachtet, die in diesem Fall durch Glaskugeln repräsentiert wurden, ergibt sich zum Teil ein neues Bild. Schon Kugeldurchmesser von kleiner 1 mm bewirken eine Oberflächenrelaxation, die die Gesamtrelaxation stark beeinflusst. Für Sauerstoff führt dies dazu, dass in dem Konzentrationsbereich bis 10 mg/l, der in dieser Arbeit detailliert untersucht wurde, poröse Medien einen extrem großen Einfluss auf die Relaxation haben. Werden sehr kleine Korngrößen oder sogar Sande betrachtet, dominiert aufgrund der Addition der Relaxationsraten (vgl. Gl. 4.1) die Relaxation an den Oberflächen. Somit ist eine Bestimmung des Sauerstoffgehalts aus NMR-Relaxationszeitmessungen im porösen Medium nicht möglich. Bei Eisen(II)- und Eisen(III)-Ionen ist ebenfalls ein deutlicher Einfluss der Oberfläche erkennbar.

Kapitel 5

Relaxation in natürlichen Sanden

5.1 Motivation

Die Oberflächen von porösen Medien haben einen erheblichen Einfluss auf die Relaxation. Die Oberflächenrelaxation ($1/T^s_{1,2}$) berücksichtigt die Oberflächenrelaxivität $\rho_{1,2}$ und das Oberflächen/Volumen-Verhältnis S/V (vgl. Abschnitt 2.2.2). Die Oberflächenrelaxivität kann dabei für verschiedene poröse Materialien variieren. Außerdem verursachen paramagnetische Zentren nahe der Porenoberfläche eine schnellere Relaxation der Spins und führen so zu einer effektiven Verkürzung der gemessenen Relaxationszeiten (vgl. Abschnitt 2.3).

Eine wichtige Anwendung der Relaxometrie beruht auf der Verkürzung der Relaxationszeiten durch die Anwesenheit von Oberflächen. Bei vollständiger Sättigung mit einem Fluid entspricht die Verteilung der Relaxationszeiten der Porengrößenverteilung. Dabei entsprechen die kürzeren Relaxationszeiten Fluidanteilen in kleinen Poren, in engen Kapillaren oder direkt an der Porenwand.

Um den Einfluss der Oberflächenrelaxivität bewerten zu können, wurden Messungen der longitudinalen und transversalen Relaxationszeiten ($T_{1,2}$) von wassergesättigten, natürlichen Sanden an fünf verschiedenen Kornfraktionen durchgeführt. Neben der Abhängigkeit der mittleren Relaxationszeiten vom mittleren Korndurchmesser wurden auch Relaxationszeitverteilungen untersucht. Zur Abschätzung des Einflusses paramagnetischer Ionen auf die Relaxationszeiten wurden die Sande beispielsweise mit Säure behandelt. Durch die folgende Auflösung eisenhaltiger Minerale steigt die Konzentration paramagnetischer Ionen in der Porenlösung. Es soll der Einfluss der Eisen(III)-Ionen in der Porenlösung ebenso untersucht werden wie der Einfluss der Korngrößen des porösen Mediums. In einem zweiten Schritt wurde nach der Säurezugabe eine Base auf die Proben gegeben. Dadurch fallen die Eisen(III)-Ionen in der Porenlösung wieder aus.

Nach dieser Untersuchung sollen in einem folgenden Schritt die Auflösungsprozesse Eisen(III)-haltiger Mineralien in den Sanden zeitlich und räumlich detailliert untersucht werden. Dazu wurde eine Möglichkeit zur Bestimmung der Eisen(III)-Konzentration aus Relaxationszeitmessungen erarbeitet. Nach der Auswahl einer geeigneten Sandfraktion wurde Säure von oben auf die Proben gegeben und die Mineralauflösung zeitlich und räumlich analysiert. Nach der Messung wurden die Ergebnisse modelliert.

5.2 Probenmaterial und Vorgehensweise

5.2.1 Verwendete Sande

Die natürlichen Sande stammen aus einer Endmoräne nahe Rückmarsdorf, 10 km nordwestlich von Leipzig. Sie wurden im ansässigen Kieswerk aus einer Mischprobe der Fraktion < 2mm entnommen. Im Labor wurden die Sande getrocknet und gesiebt (Trockensiebung). Die Verwendung von Sieben mit den Öffnungsweiten 63, 125, 200, 500, 800 und 1000 µm ergab fünf Fraktionen (vgl. Tab. A.2). Die Fraktionen < 63 µm und > 1000µm wurden nicht genutzt.

Weiterführend wurden drei Fraktionen der Sande von Bühmann (2009) in einer wissenschaftlichen Arbeit am Wilhelm-Ostwald-Institut für Physikalische und Theoretische Chemie der Universität Leipzig untersucht. Mit Hilfe von Röntgen- und Elektronenspektroskopischer Analytik konnte die Zusammensetzung der Proben an der Oberfläche (Röntgenphotoelektronenspektroskopie, XPS) und im Volumen (Röntgenfluoreszenzanalyse, RFA) betrachtet werden. In Tabelle 5.1 sind die Ergebnisse für beide Methoden angegeben (Bühmann, 2009). Untersuchungen mit XPS ergeben ein Gesamtbild der analysierten Probenoberfläche, da mehrere Sandkörner gleichzeitig vermessen werden. Es wurde Fe(II) und Fe(III) etwa gleich verteilt auf den Sandkornoberflächen nachgewiesen. Jedoch war eine genauere mineralogische Zuordnung nicht möglich, da sich beispielsweise die beiden Peaks für Goethit-überzogener (α-FeOOH) Quarzsand und Kaolinit ($Al_4[(OH)_8|Si_4O_{10}]$) überlagern. Ein angefertigtes Tiefenprofil konnte keine Rückschlüsse auf die Schichtdicke der Eisenüberzüge liefern. Grund hierfür war, dass die Messtechnik das Erreichen der vermuteten Schichtdicke des Eisenoxid-Überzugs von mehreren hundert nm nicht erlaubte (Bühmann, 2009). Der relative Anteil des Eisens an der Oberfläche der Proben beträgt etwa 3% (XPS). Für das Volumen liegt der Wert bei knapp 0,2% (RFA). Dies zeigt, dass sich das registrierte Eisen bevorzugt an der Oberfläche der Sandkörner befindet. Für die drei untersuchten Franktionen (63-125 µm, 200-500 µm & 800-1000 µm) sind keine signifikanten Trends in Abhängigkeit der Korngröße gefunden worden.

Tabelle 5.1: Ergebnisse der Sandanalytik (zusammengestellt aus: Bühmann (2009)).

Element	XPS rel. Atom%	RFA rel. Atom%
O	52,04	73,33
Si	18,99	23,06
C	17,41	-
Al	9,21	2,10
Fe	2,35	0,18

Für Sande der gleichen Lokalität aus einer früheren Probenahme-Kampagne, zeigen Stallmach et al. (2002) anhand von Aufnahmen mit einem Rasterelektronenmikroskop, dass die Form der einzelnen Partikel unregelmäßig ist. In der gleichen Veröffentlichung wird die chemische Zusammensetzung der Sande beschrieben. Sie bestehen aus Quarz und zwei verschiedenen Feldspäten (Mikroklin und Albit). Die durchschnittliche Zusammensetzung der Kornoberflächen wird mit $Al_1Si_{2,3}O_{9,3}Fe_{0,4}(Mg,Ca)_{0,2}(Na,K)_{0,1}$ angegeben.

5.2.2 Durchführung und Auswertung der Messungen

Die NMR-Messungen wurden an den Spektrometern MARAN DRX und FEGRIS NT bei einer Protonen-Resonanzfrequenz von 9,1 MHz bzw. 125 MHz durchgeführt (vgl. Abschnitt 2.8). Die Proben für das MARAN DRX hatten einen Außendurchmesser und eine Füllhöhe von 2 cm. Für das FEGRIS NT hatten die Probenröhren einen äußeren Durchmesser von 7,5 mm (vgl. Abb. 5.1). Die Sande wurden schichtweise in die Probenröhrchen gegeben, mit destilliertem Wasser gesättigt und verdichtet. Für Messungen mit dem MARAN DRX wurden 6 g Sand mit 1,5 ml Wasser in ein Probenröhrchen gegeben. Beim FEGRIS NT wurden entsprechend der Probengefäße geringere Mengen verwendet: Das Probenröhrchen wurde bis zu einer Höhe von 1 cm mit Sand befüllt, Wasser zugegeben, verdichtet und das überstehende Wasser entfernt. Um die Relaxation in wassergesättigten Sanden mit paramagnetischen Eisen(III)-Ionen in der Porenlösung zu untersuchen, wurde Säure (Salzsäure bzw. Schwefelsäure, vgl. Tab. A.1) auf die Sandfraktionen gegeben. Die Zugabe der Säure erfolgte stets von oben auf die bereits wassergesättigte Probe (vgl. Abb. 5.1). Es wurden die Mengen 4, 12, 18, 26, 33, 52 µmol H$^+$ verwendet. Der pH-Wert der Porenlösung nach der Säurezugabe betrug nach sieben Tagen in allen Fällen ≤ 3. Für die Messung der zeitlichen Auflösung der Lösungsreaktion wurden die Proben direkt nach der Herstellung gemessen. Für die anderen Messungen wurden die Proben ebenso präpariert, sieben Tage ruhen gelassen, um das Ende der Reaktion abzuwarten, und danach gemessen.

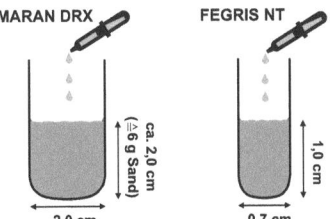

Abb. 5.1: Probenpräparation der wassergesättigten Sande mit der Säure für die beiden NMR-Spektrometer MARAN DRX und FEGRIS NT.

Vor den NMR-Messungen wurde überstehendes Fluid von der Probe entfernt, um den Einfluss des freien Wassers zu minimieren. Alle NMR-Messungen fanden bei Raumtemperatur (22°C) statt. Verluste durch Verdunstung wurden durch das Verschließen der Proben verhindert. Zur Messung der zeitlichen Auflösung wurden T_2-Messungen (CPMG Pulssequenz) durchgeführt. Die Dauer einer Einzelmessung war kurz, damit die Reaktionen erfasst werden konnte. Die räumliche Auflösung erfolgte durch T_1-Messungen, die mit Hilfe der Inversion Recovery Spinecho Impulsfolge aufgezeichnet wurden (vgl. Abschnitt 2.6). Alle Messungen im Abschnitt 5.3 sowie die Analyse der Zeitabhängigkeit der Mineralauflösung im Abschnitt 5.4.2 wurden am Spektrometer MARAN DRX durchgeführt. Die Messungen zur Analyse der räumlichen Abhängigkeit der Mineralauflösung im Abschnitt 5.4.3 wurden am FEGRIS NT untersucht. Die Berechnung der Verteilungen der longitudinalen und der transversalen Relaxationszeiten erfolgte mit dem Programm RI WinDXP durch inverse Laplace-Transformation (ILT). Für freie Flüssigkeiten und synthetische Materialien mit definierten Porengrößen (z.B. Glaskugeln) ergeben sich (sehr) schmale Verteilungen. In diesen Fällen wurde die mittlere logarithmische Relaxationszeit bestimmt. In natürlichen Materialien werden in der Regel breite Relaxationszeitverteilungen gefunden.

5.2.3 Modellierung

Modell MIN3P

Die Modellierung wurde mit dem Programm MIN3P (Version 1.1) durchgeführt (vgl. Abschnitt 3.7). Für die Modellierung des Prozesses der zeitlich betrachteten Auflösung Eisen(III)-haltiger Mineralien wurde der Simulationstyp "flow and reactive transport simulation" mit dem Reaktionstyp "kinetically-controlled dissolution-precipitation reaction" verwendet. Alle Eingabedateien mit dem jeweils besten Parametersatz sind im Anhang B zu finden.

Parameterschätzung mit PEST

Die Parameterschätzung erfolgte mit dem Programm PEST (vgl. Abschnitt 3.7). Der entscheidende Schritt bei der Parameterschätzung ist die Auswahl der Parameter. Die Parameteranzahl sollte nicht zu hoch sein, um die Abschätzung nicht zu erschweren und die Rechenzeit nicht in die Höhe zu treiben. Sie sollte auch nicht zu klein sein, damit eine Anpassung ermöglicht wird und die Wechselwirkungen zwischen der Parameter berücksichtigt werden können. Mit Hilfe des MIN3P-Handbuches wurden die Parameter ausgewählt (vgl. Tab. 5.2). Der K_eff-Wert bestimmt die Auflösungsgeschwindigkeit der Eisenmineralien und ist nach dem pH-Wert einer der wichtigsten Parameter. phi bestimmt den anfänglichen Mineraliengehalt im Volumen, phi_min setzt die untere Grenze dieses Gehalts.

Tabelle 5.2: Auswahl der Parameter für das "kinetically-controlled dissolution-precipitation reaction"-Modell.

Parameter	Beschreibung	Bereich
pH	pH-Wert der Lösung	0,5 - 4,5
K_eff	effektive Geschwindigkeitskonstante [mol / m^3 bulk s]	10^{-10} - 10^{-5}
phi	Anfangs-Mineralanteil [m^3 mineral / m^3 bulk]	0,10 - 0,99
phi_min	Minimum-Mineralanteil [m^3 mineral / m^3 bulk]	0,0 - 0,1

5.3 Relaxation in natürlichen Sanden

5.3.1 Relaxation in wassergesättigten Sanden

Die Ergebnisse der Relaxationszeitmessungen für wassergesättigte Sande bei einer Protonen-Resonanzfrequenz von 9,1 MHz sind in Abbildung 5.2 als Funktion der mittleren Korngröße dargestellt. Die Relaxation in Folge von Diffusion in inneren Gradienten ("Diffusionsrelaxation") in Gleichung 2.12 kann aufgrund geringer Feldstärke und kurzer Spinechoabstände τ vernachlässigt werden. Die Relaxationszeiten in den Sanden sind im Vergleich zu den Relaxationszeiten in Wasser deutlich verkürzt. Dabei gilt, je kleiner die Korngröße ist, desto größer ist die Abnahme der Relaxationszeit. Die Ursache hierfür ist die Interaktion von Wasser

5.3. RELAXATION IN NATÜRLICHEN SANDEN

(^{1}H) mit den Oberflächen der Sandkörner ($T^s_{1,2}$). Die T_2-Relaxation ist dabei effektiver als die T_1-Relaxation. Dies ist zurückzuführen auf paramagnetische Ionen auf der Poren-Matrix-Grenzfläche, die einen größeren Einfluss auf die T_2-Relaxationszeit haben als auf T_1. Bei Korngrößen über 1 mm werden fast die Relaxationszeiten von freiem Wasser erreicht. Bray et al. (2006) beschreiben einen linearen Zusammenhang zwischen log(1/T) und dem Logarithmus der Partikeldurchmesser bis zu 1 mm in gesättigten Glaskugelschüttungen. Diese lineare Beziehung konnte bestätigt werden.

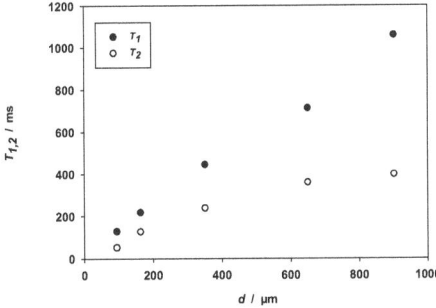

Abb. 5.2: Die Relaxationszeiten T_1 & T_2 von wassergesättigten Sanden in Abhängigkeit von der mittleren Korngröße d bei einer Protonen-Resonanzfrequenz von 9,1 MHz.

Fetter (2001) gibt für gut sortierte Sande eine Porositätsspanne zwischen 0,25 und 0,5 an. Für die Kalkulation der Oberflächenrelaxivitäten $\rho_{s1,2}$ von Wasser in den Sanden wird eine Porosität Φ von 0,35 angenommen. Das Oberflächen/Volumen-Verhältnis S/V einer zufälligen Packung von Kugeln des Durchmessers d ist gegeben durch folgende Gleichung (Vogt et al., 2002)

$$\frac{S}{V} = 6 \cdot \left(\frac{1}{\Phi} - 1\right) \cdot \frac{1}{d}. \qquad (5.1)$$

Einsetzen der Gleichungen 2.10 und 5.1 in Gleichung 2.12 ergibt

$$\frac{1}{T_{1,2}} = \frac{1}{T^b_{1,2}} + \rho_{s1,2} \cdot \frac{S}{V} = \frac{1}{T^b_{1,2}} + \rho_{s1,2} \cdot 6 \cdot \left(\frac{1}{\Phi} - 1\right) \cdot \frac{1}{d}. \qquad (5.2)$$

Mit Hilfe dieser Gleichung wurden die Oberflächenrelaxivitäten der Sande ρ_{s1} als 0,0056 cm/s für $1/T_1$ und ρ_{s2} 0,0123 cm/s für $1/T_2$ ermittelt.

Relaxationszeitverteilung

Die Korngrößen der Sandfraktionen (S1 - S5) und die in IR- und CPMG-Experimenten bestimmten mittleren logarithmischen Relaxationszeiten T_1 und T_2 sind in Tabelle 5.3 aufgelistet. Aus Gleichung 2.10 ist ersichtlich, dass $T^s_{1,2}$ proportional zu V/S und damit zum Porenradius d ist. Somit gibt es, wie aus der Brownstein-Tarr-Theorie erwartet, eine deutliche Korrelation zwischen der Relaxationszeitverteilung (resp. den mittleren logarithmischen Relaxationszeiten

Tabelle 5.3: Die Korngrößenfraktionen und die mittleren logarithmischen Relaxationszeiten T_1 und T_2 der wassergesättigten Sande (S1-S5).

	d	$\langle T_1 \rangle$	$\langle T_2 \rangle$
	μm	ms	ms
S1	63 - 125	131,3	61,3
S2	125 - 200	202,8	163,2
S3	200 - 500	484,2	281,1
S4	500 - 800	671,1	601,9
S5	800 - 1000	930,0	748,2

$T_{1,2}$) und der mittleren Porengröße.
In Abbildung 5.3 sind die mittels ILT berechneten T_1- und T_2-Relaxationszeitverteilungen der fünf untersuchten Sandfraktionen dargestellt. Die T_1-Relaxationszeitverteilungen der Sande S1 bis S3 sind monomodal und entsprechend der relativ großen Fraktionsbereiche breit. Bei den beiden größten Fraktionen (S4 & S5) ist neben dem breiten Hauptpeak ein zweiter, deutlich geringerer Peak bei kürzeren T_1-Relaxationszeiten erkennbar. Die T_2-Relaxationszeitverteilungen sind für alle Fraktionen bimodal ausgebildet und der Hauptpeak ist schmaler im Vergleich zu T_1. Diese Bimodalität wird auf die schnelle Relaxation im Haftwasser nahe der Porenwand und die langsamere Relaxation im freien Porenwasseranteil zurückgeführt.

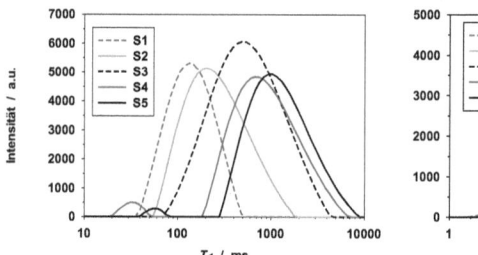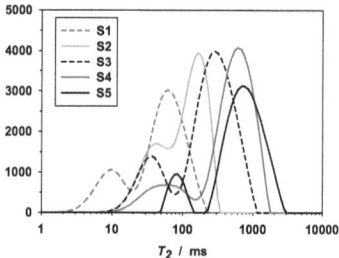

Abb. 5.3: Verteilungen der longitudinalen und transversalen Relaxationszeiten T_1 & T_2 für wassergesättigte Sande der fünf verschiedenen Fraktionen (S1-S5) bei einer Protonen-Resonanzfrequenz von 9,1 MHz.

5.3.2 Relaxation in Sanden mit gelöstem Eisen(III)

Auf die oben beschriebenen wassergesättigten Sandproben werden Säuren gegeben und die Proben sieben Tage ruhen gelassen, um das Ende der Reaktion abzuwarten. Danach wurde bei einer Protonen-Resonanzfrequenz von 9,1 MHz gemessen. (vgl. Abschnitt 5.2.2). Dadurch werden vorhandene Eisen(III)-haltige Mineralien, wie beispielsweise Goethit, von den Sandkornoberflächen gelöst und die Eisen(III)-Konzentration in der Porenlösung steigt an.

5.3. RELAXATION IN NATÜRLICHEN SANDEN

Abbildung 5.4 zeigt die gemessenen T_1- und T_2-Relaxationszeiten für eine Sandfraktion (S3, 200-500 μm) nach der Zugabe von fünf verschiedenen Säuremengen (angegeben in μmol H^+). Die Zugabe der Säure verursacht eine Abnahme in beiden Relaxationszeiten, die zurückzuführen ist auf die Zunahme der Eisen(III)-Konzentration in der Porenlösung:

$$\frac{1}{T_{1,2}} = \frac{1}{T_{1,2}^b} + \rho_{s1,2} \cdot \frac{S}{V} + R_{1,2} \cdot c(Fe^{3+}) \qquad (5.3)$$

In Abbildung 5.4 wird deutlich, dass die Zugabe von Säure zu einer deutlichen Verringerung der Relaxationszeiten führt. Je mehr Säure zugegeben wird, desto kürzer sind die Relaxationszeiten, da mehr Eisen(III)-Ionen in Lösung sind. Die Zugabe von mehr als 33 μmol H^+ bringt keine Veränderung in den Relaxationszeiten. Dies könnte ein Hinweis darauf sein, dass alle Eisen(III)-Ionen von den Oberflächen entfernt wurden und in Lösung gegangen sind. Somit ändert sich die Konzentration der gelösten Eisen(III)-Ionen nicht mehr.

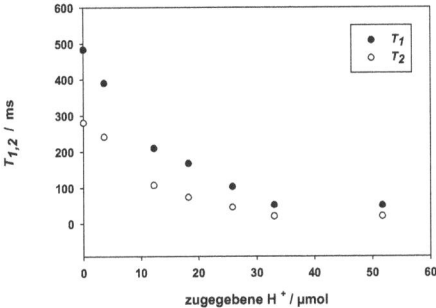

Abb. 5.4: Die Relaxationszeiten T_1 & T_2 für eine Sandfraktion (S3) nach der Zugabe von verschiedenen Säuremengen bei einer Protonen-Resonanzfrequenz von 9,1 MHz.

Abbildung 5.5 betrachtet die Zugabe einer definierten Säuremenge (hier H_2SO_4, 33 μmol H^+) auf die fünf verschiedenen Sandfraktionen. Dargestellt sind die Relaxationszeiten T_1 und T_2 vor und nach der Zugabe der Säure für jede der fünf Fraktionen.
Beide Relaxationszeiten sind nach der Säurezugabe verkürzt. Für alle Fraktionen erreichen die Werte etwa ein Niveau. Das heißt für die großen Korngrößen (S3 - S5) ist die Verkürzung der Relaxationszeiten durch die gelösten Eisen(III)-Ionen besonders effektiv. Für die beiden kleinsten Korngrößenfraktionen (S1 & S2) ist die Abnahme in den Relaxationszeiten kaum beobachtbar. Dies zeigt, dass die Relaxation bei sehr kleinen Korngrößen auch ohne die Anwesenheit von Eisen(III)-Ionen in der Porenlösung bereits sehr schnell ist (vgl. Abschnitt 5.3.1). Es bedeutet nicht, dass keine Eisen(III)-Ionen in Lösung sind, sondern zeigt, dass die Oberflächenrelaxation dominiert. Je größer die Korngröße ist, desto größer ist der Effekt der gelösten Eisen(III)-Ionen auf die Relaxationszeiten.

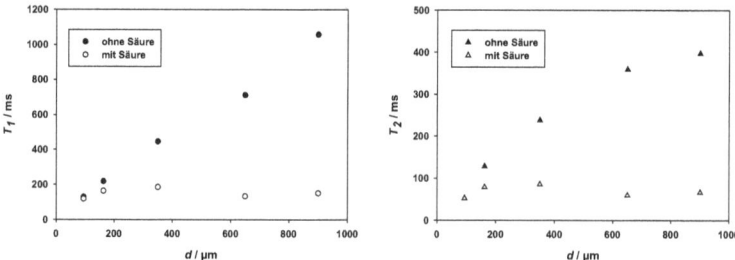

Abb. 5.5: Die Relaxationszeiten T_1 (links) und T_2 (rechts) für fünf verschiedene Sandfraktionen vor und nach der Zugabe von Säure, d.h. ohne und mit Eisen(III)-Ionen in der Porenlösung bei einer Protonen-Resonanzfrequenz von 9,1 MHz.

Relaxationszeitverteilung

Abbildung 5.6 zeigt die Verteilung der transversalen Relaxationszeit T_2 für die Sandfraktion S3 (200-500 µm) mit drei verschiedenen Salzsäuremengen (HCl) (12, 26, 52 µmol H^+) vor der Zugabe der Säure (schwarze Linie) und nach dem Ende der Reaktion (graue Linie). Durch die Zugabe der Salzsäure gehen die Eisen(III)-Ionen aus vorhandenen Mineralphasen in Lösung und verkürzen somit die Relaxationszeit. Nach sieben Tagen ist die Reaktion vollständig abgelaufen.
Es ist deutlich erkennbar, dass die Zugabe von Säure die Relaxationszeitverteilung beeinflusst. Der Hauptpeak wird schmaler und verschiebt sich zu kürzeren Zeiten. Bei den beiden geringen Säure- und damit Eisen-Konzentrationen in Lösung treten weiterhin bimodale Verteilungen auf. Auch das Nebenmaximum verschiebt sich zu kürzeren Relaxationszeiten. Bei der höchsten Säure-Konzentration von 52 µmol H^+ ist die Relaxationszeitverteilung nach der Säurezugabe monomodal, das Nebenmaximum verschwindet. Auch dies belegt die Dominanz der Volumenrelaxation bei hohen Eisen(III)-Konzentrationen in der Porenlösung gegenüber dem Einfluss der Oberfläche.

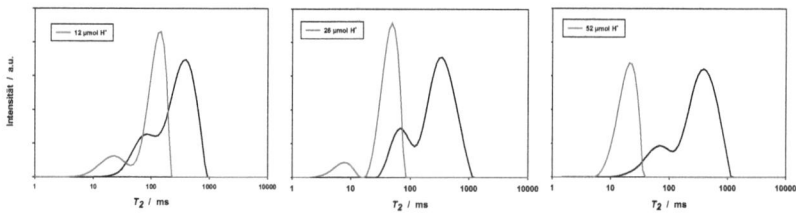

Abb. 5.6: Die T_2-Relaxationszeitverteilungen der Sandfraktion S3 (200-500 µm) nach der Zugabe verschiedener Säuremengen (graue Linie) bei einer Protonen-Resonanzfrequenz von 9,1 MHz. Die schwarze Linie zeigt die T_2-Verteilung vor der Säurezugabe.

5.3.3 Relaxation in Sanden mit ausgefälltem Eisen(III)

Nachdem die Säurezugabe zu einem Anstieg der Eisen(III)-Konzentration der Porenlösung geführt hat, wurde eine Base (NaOH) auf die Proben gegeben, so dass die paramagnetischen Eisen(III)-Ionen wieder aus der Lösung ausfallen. Nach dem Ende der Reaktion wurden die Relaxationszeiten gemessen.

Nach der Zugabe der Base steigen die Relaxationszeiten T_1 und T_2 deutlich an. In Tabelle 5.4 sind die Relaxationszeiten für zwei verschiedene Proben der Sandfraktion S3 (200-500 µm) jeweils für die unbehandelten wassergesättigten Sande, nach der Zugabe der Säure und nach der Zugabe der Base aufgelistet. Am Ende der Reaktion mit der Base sind keine Eisen(III)-Ionen mehr in Lösung. Es ist ein deutlicher Anstieg in den Relaxationszeiten erkennbar. Die Ausgangswerte der wassergesättigten Sande werden jedoch nicht exakt erreicht. Dies bedeutet, dass die neu ausgefällten Eisen(III)-Verbindungen Veränderungen in der Oberflächenrelaxation erzeugen (vgl. Gl. 5.3). Diese scheinen jedoch gering auszufallen.

Tabelle 5.4: T_1- und T_2-Relaxationszeiten des Porenwassers in der Sandfraktion S3 (200-500 µm) vor und nach der Zugabe der Säure und der Base.

	T_2			T_1	
Sand	+ Säure	+ Base	Sand	+ Säure	+ Base
ms	ms	ms	ms	ms	ms
292	15	244	505	45	367
284	16	191	506	42	293

Relaxationszeitverteilung

In Abbildung 5.7 ist die T_2-Relaxationszeitverteilung einer Probe der Sandfraktion S3 (200-500 µm) unbehandelt (schwarze Linie), nach Reaktion mit der Säure (graue Linie) und nach Zugabe der Base (rote Linie) zum Vergleich dargestellt. Ersichtlich ist, dass nach der Reaktion mit der Base, also nachdem die gelösten Eisen(III)-Ionen aufgrund der Erhöhung des pH-Wertes wieder aus der Porenlösung ausgefallen sind, eine T_2-Relaxationszeitverteilung erreicht wird, die der Verteilung vor den Reaktionen sehr ähnlich ist. Sowohl der Hauptpeak als auch eine Andeutung des Nebenmaximum werden erreicht. Es kann davon ausgegangen werden, dass die gelösten Eisen(III)-Ionen nicht mehr in der gleichen Art und Weise ausfallen, wie sie vorher auf den Sandoberflächen vorhanden waren. Dies bedeutet, dass die mineralogische Form, in der das Eisen(III) vor und nach der Reaktion vorliegt, in diesen Messungen eine untergeordnete Rolle spielt.

Dass es keine entscheidenden Änderungen in den Oberflächenrelaxivitäten und den Feldgradienten gibt, zeigt Abbildung 5.8. Dargestellt sind die Relaxationsraten $1/T_2$ einer Sandprobe der Fraktion S3 (200 - 500 µm) in Abhängigkeit von τ^2 vor und nach der Zugabe der Säure sowie nach der Zugabe der Base. Sorption von Eisen(III)-Ionen an der Matrixoberfläche beziehungsweise das Ausfallen von Eisenoxiden führt zur Änderung der Oberflächenrelaxivitäten und des Feldgradienten. Interne Gradienten würden eine Abhängigkeit der Relaxationsrate $1/T_2$ von τ^2 zeigen. Dies ist nicht der Fall, es gibt keine solche Abhängigkeit der Relaxations-

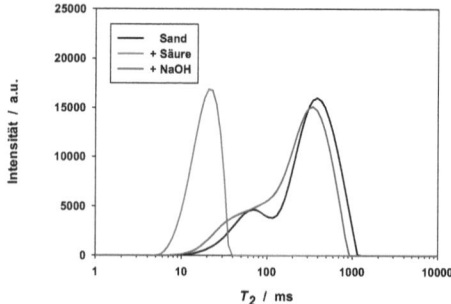

Abb. 5.7: T_2-Relaxationszeitverteilungen des Porenwassers in der Sandfraktion S3 (200-500 µm) vor und nach der Zugabe der Säure (graue Linie) und der Base (rote Linie).

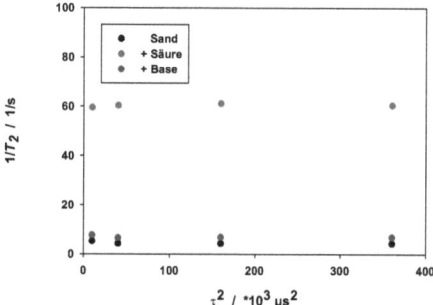

Abb. 5.8: Relaxationsrate $1/T_2$ des Porenwassers in der Sandprobe S3 (200-500 µm) in Abhängigkeit von τ^2 in der CPMG-Impulsfolge vor und nach der Zugabe der Säure sowie nach der Zugabe der Base.

rate. Dies bedeutet, es gibt keine wesentlichen Änderungen in der räumlichen Verteilung von Suszeptibilitätsunterschieden zwischen Matrix und Porenraum.

5.4 Auflösungsverhalten Eisen(III)-haltiger Mineralien in Sanden

Bisher wurde gezeigt, in welcher Art und Weise sowohl paramagnetische Ionen in Lösung als auch die vorhandenen Oberflächen poröser Medien die Relaxationszeiten von NMR-Untersuchungen beeinflussen. Im Folgenden werden Auflösungsprozesse von Eisen(III)-haltigen Mineralien in natürlichen Sanden betrachtet. Dazu ist es nötig die Eisen(III)-Konzentrationen in

5.4. AUFLÖSUNGSVERHALTEN EISEN(III)-HALTIGER MINERALIEN IN SANDEN

der Porenlösung durch Messungen der Relaxationszeiten bestimmen zu können. Diese Kalibration wird am Beispiel der bereits im Abschnitt 5.3.2 vorgestellten Ergebnisse veranschaulicht. Die folgenden Experimente beschäftigen sich damit, ob die Auflösung der Eisen(III)-haltigen Mineralien, genauer gesagt das in-Lösung-gehen der Eisen(III)-Ionen von ihrem gebundenen Zustand auf den Sandoberflächen in die Porenlösung detaillierter betrachten kann. Dies geschieht hochauflösend in Zeit und Raum. Im Anschluss an die Messungen dient die Modellierung der Ergebnisse dazu, die Interpretation der Daten zu bestätigen und das Verständnis für die auftretenden Prozesse zu erweitern. In diesem Abschnitt wird detailliert die Auflösung Eisen(III)-haltiger Minerale unter Berücksichtigung der Diffusion betrachtet. Mit Hilfe der Modellierung soll überprüft werden, wie groß der Einfluss der beiden Prozesse ist.

Aus den Messungen des vorangegangenen Abschnitts wird die Berechnung der Eisen(III)-Konzentration in Lösung durch die Messung der Relaxationszeiten vorgestellt. Dies geschieht für jede Sandfraktion nach der Zugabe einer Säuremenge und für die Sandfraktion S3 nach der Zugabe verschiedener Säuremengen. Der Prozess der Auflösung der Eisen(III)-haltigen Mineralien von den Matrixoberflächen wurde untersucht, indem Säure auf die wassergesättigten Sandproben gegeben wurde und sofort danach die Relaxationszeiten gemessen wurden. Die Messungen mit hoher zeitlicher Auflösung wurden durch T_2-Messungen am MARAN DRX realisiert. Die räumlich hochaufgelösten Messungen fanden als T_1-Messungen am FEGRIS NT statt. Es wird jeweils die Eisen(III)-Konzentration in Lösung abgeschätzt.

5.4.1 Berechnung der Eisen(III)-Gehalte

Wie in den Abschnitten 2.2 und 2.3 beschrieben, bieten Messungen der Relaxationszeiten die Möglichkeit, Rückschlüsse auf den Einfluss von Oberflächen und die Konzentration von paramagnetischen Ionen in Lösung zu ziehen. Für die Berechnung der gelösten Eisen(III)-Konzentration in natürlichen Sanden wurde die folgende Gleichung verwendet:

$$c(Fe^{3+}) = \left(\frac{1}{T_{1,2}} - \frac{1}{T_{1,2}^b} - \frac{1}{T_{1,2}^s} \right) / R_{1,2} \tag{5.4}$$

Die bestimmten Werte für die Relaxivität der Eisen(III)-Ionen in Lösung $R_{1,2}(Fe^{3+})$ sind in der folgenden Tabelle zusammengefasst:

Tabelle 5.5: $R_{1,2}$ der Eisen(III)-Ionen in Lösung.

$R_1(Fe^{3+})$	0,1792 ± 0,0040 l/s·mg	$R^2 \geq 0{,}997$
$R_2(Fe^{3+})$	0,1393 ± 0,0018 l/s·mg	$R^2 \geq 0{,}999$

Im Folgenden wird am Beispiel der in Abbildung 5.5 vorgestellten Versuchsergebnisse die Berechnung der Eisen(III)-Konzentration in der Porenlösung gezeigt. Es wurden die Relaxationszeiten von wassergesättigten Sanden vor der Zugabe einer Säure (33 µmol H$^+$) und nach dem Reaktionsende gemessen. Unter Zuhilfenahme der Ergebnisse für die wassergesättigten Sande und der Relaxivität der Eisen(III)-Ionen $R_{1,2}$ (vgl. Abschnitt 5.3.2 & Tab. 5.5) kann die Konzentration der gelösten Eisen(III)-Ionen mit Gleichung 5.4 bestimmt werden. In Abbildung 5.9 sind die Ergebnisse für die T_1-Relaxationszeit dargestellt. Nach dem Ende der Reaktion liegen die Relaxationszeiten der fünf Sandfraktionen für T_1 bei 120-180 ms. Dies entspricht einer Eisen(III)-Konzentration von 3 mg/l für die kleinste Sandfraktion (S1) bis zu 33 mg/l für die größte Fraktion S5. Diese Spanne in den Konzentrationen beruht auf den unterschiedlichen Oberflächeneffekten der verschiedenen Sandfraktionen. Die in Abbildung 5.9 dargestellten Fehlerbalken geben den Fehler aus der Relaxationszeitmessung bei einer Messungenauigkeit des Geräts von 5 ms an. Der resultierende Fehler in der Eisen(III)-Konzentration basierend auf den Fraktionsdurchmessern ist sehr gering. Er wurde unter Verwendung der Gauß'schen Fehlerfortpflanzung basierend auf dem Bereich der Durchmesser jeder Fraktion abgeschätzt und nimmt mit abnehmendem Korndurchmesser der Fraktion zu. Er ist mit maximal 0,05 mg/l der Eisen(III)-Konzentration für die kleinste Fraktion aber trotzdem noch deutlich kleiner, als die Messunsicherheit, die bei der Bestimmung der T_1-Relaxationszeiten entsteht und braucht somit nicht berücksichtigt zu werden.

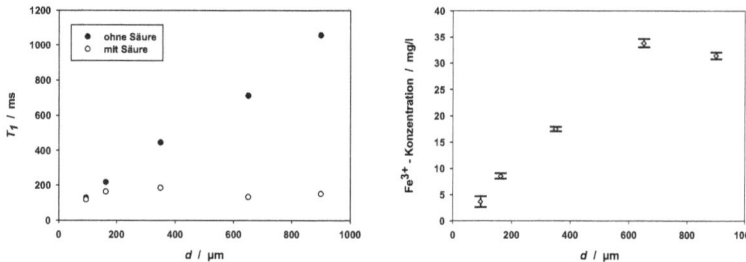

Abb. 5.9: Die abgeleiteten Eisen(III)-Konzentrationen nach der Säurezugabe (rechts) aus Messungen der T_1-Relaxationszeit vor und nach der Säurezugabe (links, vgl. Abb. 5.5) für jede der fünf Sandfraktionen.

Die Korngröße, die in den folgenden Experimenten genutzt wurde, ist die Fraktion S3 (200-500 μm). Damit ist sicher gestellt, dass die Fraktion groß genug ist, und der Einfluss der Oberflächenrelaxivität auf T_1 und T_2 klein, verglichen mit dem Einfluss der gelösten Eisen(III)-Ionen. Ein anderer Grund für diese Auswahl ist die Tatsache, dass diese Fraktion den größten prozentualen Anteil in unserer Sandprobe hat und damit die wichtigste Fraktion bei Betrachtung dieser Sandprobe ist.

Im Folgenden wird für eine Sandfraktion (S3) die Umrechnung der Relaxationszeiten in Eisen(III)-Konzentrationen nach der Zugabe verschiedener Säuremengen diskutiert (vgl. Abb. 5.4). Auf die wassergesättigten Sandproben der Fraktion S3 (200-500 μm) wurden fünf verschiedene Säuremengen gegeben und die Relaxationszeiten T_1 und T_2 gemessen (vgl. Abschnitt 5.3.2). Im Anschluss daran wurde die Konzentration der gelösten Eisen(III)-Ionen am Ende der Reaktion mit der Gleichung 5.4 unter Verwendung der Ergebnisse für die wassergesättigten Sande und der Relaxivität der Eisen(III)-Ionen $R_{1,2}$ (vgl. Abschnitt 5.3.2 & Tab. 5.5) bestimmt. Die Ergebnisse sind in Abbildung 5.10 dargestellt. Rechts sind die Relaxationsraten in Abhängigkeit von der abgeleiteten Eisen(III)-Konzentration aufgetragen. Es ist ein linearer Zusammenhang deutlich. Die Anpassung der Relaxationsraten $1/T_1$ und $1/T_2$ besitzt das

5.4. AUFLÖSUNGSVERHALTEN EISEN(III)-HALTIGER MINERALIEN IN SANDEN

gleiche Bestimmtheitsmaß $R^2(T_{1,2}) \geq 0{,}985$.

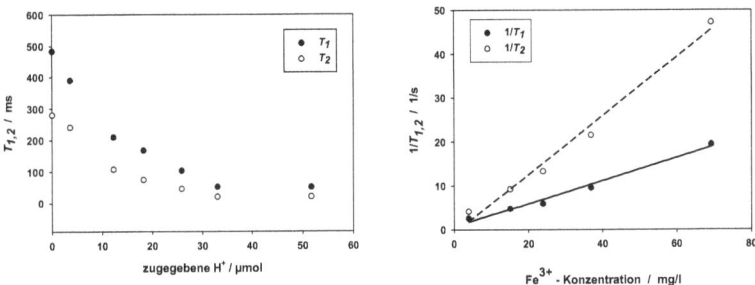

Abb. 5.10: Die Relaxationsraten $1/T_{1,2}$ in Abhängigkeit von der abgeleiteten Eisen(III)-Konzentrationen (rechts), bestimmt aus Messungen der $T_{1,2}$-Relaxationszeiten nach der Zugabe von fünf verschiedenen Säuremengen (links, vgl. Abb. 5.4) für die Sandfraktion S3 (200-500 μm).

5.4.2 Analyse der Zeitabhängigkeit der Mineralauflösung

In diesem Abschnitt wird die Auflösung der Eisen(III)-haltigen Mineralien, bzw. das in-Lösung-gehen der Eisen(III)-Ionen von den Sandoberflächen in die Porenlösung zeitlich detaillierter betrachtet. Dazu wurden Versuche an der Sandfraktion S3 (200-500 μm) durchgeführt. Auf die wassergesättigten Sandproben (bestehend aus 6 g Sand & 1,5 ml Wasser) wurde Säure (HCl) von oben gegeben. Die zugegebenen Säuremengen lagen bei 4, 12, 18, 26, 33, 52 μmol H^+. Um die Auflösung der Eisen(III)-Mineralien zeitlich mit hoher Genauigkeit zu beobachten, wurde die Messung der T_2-Relaxationszeit ausgewählt. Eine T_2-Messung dauerte nur knapp zwei Minuten und ist somit besser geeignet als die langsamere T_1-Messung. Zu Beginn wurden die Messungen kontinuierlich durchgeführt, d.h. alle zwei Minuten wurde ein Messpunkt aufgenommen. Mit voranschreitender Zeit, d.h. mit abnehmender Geschwindigkeit der Reaktion - also langsamerer Änderung in der Eisen(III)-Konzentration in Lösung - wurden die Zeitintervalle größer gesetzt, und es lag dann bis zu einer Stunde zwischen zwei Einzelmessungen. Die Gesamtdauer des Experiments betrug knapp einen Tag. Aus den T_2-Messungen wurde im Anschluss die Eisen(III)-Konzentration unter Verwendung der vorher beschriebenen Beziehung (vgl. Gl. 5.4) errechnet.

In Abbildung 5.11 ist die zeitliche Entwicklung der berechneten Eisen(III)-Konzentration in Lösung für drei verschiedene Säurezugaben dargestellt. Während der ersten Stunden gibt es einen raschen Anstieg in der gelösten Eisen(III)-Konzentration. Mit zunehmender Reaktionszeit nähert sich die Eisen(III)-Konzentration einem Wert asymptotisch an. Der rasche Anstieg am Anfang zeigt, dass die Auflösung der Eisen(III)-Ionen aus den Mineralien beziehungsweise von den Oberflächen ein schneller Prozess ist. Der limitierende Prozess um ein Gleichgewicht in der gesamten Probe zu erreichen, scheint die Diffusion der Eisen(III)-Ionen ebenso wie die

Diffusion der H$^+$-Ionen entlang der Probenlänge zu sein. Mit Hilfe der Modellierung dieser Messergebnisse soll dies überprüft werden.

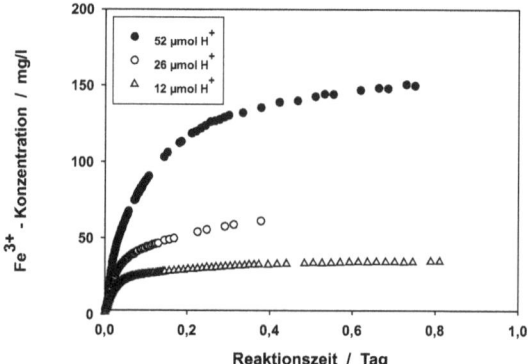

Abb. 5.11: Anstieg in der Eisen(III)-Konzentration nach der Zugabe von Säure (12, 26 & 52 µmol H$^+$) auf die wassergesättigte Sandprobe (6 g Sand & 1,5 ml Wasser) der Fraktion S3 (200-500 µm), zeitlich aufgelöst während des ersten Tages der Reaktion.

Modellierung

Wie bereits beschrieben, erfolgte die Modellierung mit dem Programm MIN3P und die Parameterschätzung mit dem Programm PEST (vgl. Abschnitte 3.7 & 5.2.3). Es wurde ein "flow and reactive transport simulation"-Modell verwendet. Dies erlaubt die Berücksichtigung der Auflösungs- und Ausfällungsprozesse ebenso wie den Prozess der Diffusion. Die dominierenden und deshalb variierten Parameter sind der pH-Wert der Porenlösung und die "reactive surface" der Oberfläche (K_eff). Der pH-Wert kann in diesem Szenario als pH-Wert des wassergesättigten Sandes (hier: 1,7 bis 1,9, vgl. Anhang B) und als Randbedingung berücksichtigt werden. Der Diffusionskoeffizient D im gesättigten Milieu wird im Modell für alle gelösten Spezies als ein Wert angenommen. Ein Spezies-spezifischer Diffusionskoeffizient ist in der verwendeten MIN3P Version 1.1 nicht berücksichtigt. Der Modell-Diffusionskoeffizient repräsentiert demzufolge einen Mittelwert für das diffusive Verhalten aller simulierten Spezies (hier H$^+$ und Fe^{3+}). Die Werte für den Diffusionskoeffizienten wurden in einem Probelauf der Modellierung vorab als 4,5 x 10^{-9} m^2/s bestimmt und liegen damit im Bereich von freiem Wasser (2,3 x 10^{-9} m^2/s bei 25°C). Die Porosität wurde als 0,35 für alle Proben festgelegt (vgl. Abschnitt 5.3.1). Modelliert wurden die drei verschiedenen Säurezugaben. Die genauen Eingabe-Dateien für den jeweils besten Paramatersatz sind im Anhang B angegeben.

Abbildung 5.12 zeigt die Ergebnisse der Modellierung. Es ist ersichtlich, dass das Modell die Messwerte generell sehr gut wiedergibt. Der Verlauf mit seinem raschen Anstieg und dem langsamen Erreichen einer Gleichgewichtskonzentration kann sehr gut nachempfunden werden. Besonders die Messwerte der ersten Stunden der Reaktion können durch die Modellierung fast exakt wiedergegeben werden. Zum Ende der Reaktion liegt die modellierte Eisen(III)-Konzentration für die größte Säuremenge (52 µmol H$^+$) unter den Messwerten. Für die Proben mit den beiden geringsten der drei Säuremengen (26 µmol H$^+$ & 12 µmol H$^+$) stimmten die modellierten mit den gemessenen Daten über den gesamten Zeitraum sehr gut überein. Gründe für die Abweichungen der modellierten Kurve von den gemessenen Werten können größere Messungenauigkeiten in der Relaxationszeitmessung bei höheren Eisen(III)-Konzentrationen sein. Die Einstellungen der CPMG-Impulsfolge sind zwar so gewählt, dass sie über die gesamte Breite der gemessenen Relaxationszeiten eine zufriedenstellende Genauigkeit der Messungen liefern, die Messgenauigkeit ist jedoch bei den höchsten Konzentrationen am geringsten.

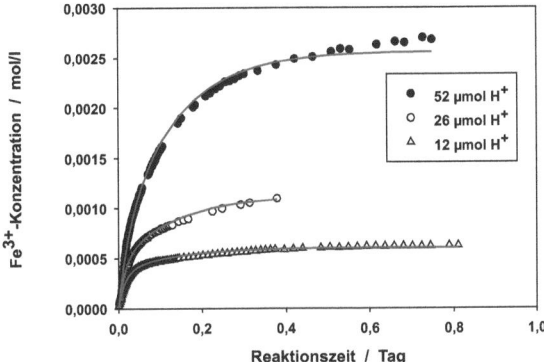

Abb. 5.12: Modellierung des Anstiegs der Eisen(III)-Konzentration nach der Zugabe von Säure aus Abbildung 5.11.

In Tabelle 5.6 sind die errechneten Werte für den pH und K_eff für die drei unterschiedlichen Säurezugaben aufgelistet. Der pH-Wert der Randbedingung spiegelt die Zugabe der Säure auf die Probe wider. Zu erkennen ist, dass die pH-Werte mit abnehmender Säurezugabe steigen. Die pH-Werte liegen deutlich im sauren Bereich (1,51-1,78). Dies stimmt mit den Messungen am Ende der Reaktion, die mit pH-Indikatorstäbchen durchgeführt wurden und für alle drei Proben pH-Werte zwischen 1,5 und zwei ergaben, überein. Die bestimmten Werte für K_eff liegen bei knapp unter 2 x 10^{-10} mol/m^3 bulk s. Der K_eff ist die Ratenkonstante und bezieht sich auf die Menge der vorhandenen Feststoffe im System. Die Modellierung ermöglicht die exakte Eingabe der Probenabmessungen, so dass der im System vorhandene Festkörperanteil genau berücksichtigt werden kann.

Die gemeinsame Betrachtung der Auflösungsprozesse von Eisen(III)-Mineralien bei der Zugabe von Säure und das diffusive Verhalten der beteiligten Spezies beschreibt das gemessene System sehr gut. Die Ergebnisse der Modellierung zeigen, dass das Reaktionssystem zu Beginn der Reaktion von der Diffusion limitiert wird, am Ende ist die Reaktionsgeschwindigkeit

Tabelle 5.6: Ergebnisse für die modellierten Parameter Ratenkonstante K_eff und pH-Wert (Randbedingung) der Sandfraktion S3.

Säurezugabe µmol H^+	K_eff mol/m³ bulk s	pH -	D m²/s
52	1,95 x 10^{-10}	1,51	4,50 x 10^{-9}
26	1,68 x 10^{-10}	1,69	4,50 x 10^{-9}
12	1,25 x 10^{-10}	1,78	4,50 x 10^{-9}

der bestimmende Parameter: Die Auflösung der eisenhaltigen Mineralien direkt von den gut zugänglichen Oberflächen ist ein sehr schneller Prozess. Somit ist das System zu Beginn von der Diffusion der H^+-Ionen in den Porenraum zu den Oberflächen und der Diffusion der Fe^{3+}-Ionen in die entgegengesetzte Richtung limitiert. Am Ende der Beobachtungszeit, wenn ein Konzentrationsausgleich über die ganze Probe stattgefunden hat, sind die limitierenden Faktoren die Anzahl der noch vorhandenen H^+-Ionen und die Erreichbarkeit der eisenhaltigen Mineralien an den Oberflächen.

5.4.3 Analyse der räumlichen Abhängigkeit der Mineralauflösung

In weiteren Experimenten wurde die Lösung der Eisen(III)-haltigen Mineralien von den Sandkornoberflächen im Porenfluid an der Sandfraktion S3 (200-500 µm) untersucht. Das Probenröhrchen wurde bis zu einer Höhe von 1 cm mit Sand befüllt, Wasser zugegeben, verdichtet und das überstehende Wasser entfernt. Danach wurde Säure von oben auf die wassergesättigten Sandproben gegeben. Als Säure wurden Salzsäure (HCl, 10 µmol H^+) und Schwefelsäure (H_2SO_4, 4,5 µmol H^+) verwendet. Die Proben wurden sofort nach der Säurezugabe am FE-GRIS NT vermessen (vgl. Abschnitt 5.2.2).
Um die Auflösung der Eisen(III)-Mineralien räumlich mit hoher Genauigkeit untersuchen zu können, wurde die Messung der T_1-Relaxationszeit gewählt. Die Kopplung der Pulssequenz zur Messung der T_1-Relaxationszeit (Inversion Recovery) mit dem Hahnschen Spinecho erlaubt die Zuordnung einer T_1-Relaxationszeit zu jedem Ort. Dies ist natürlich eine Mittelung über den ganzen Probendurchmesser an dieser Stelle. Eine Messung dauert etwa 15 - 25 Minuten. Es wurde kontinuierlich gemessen.

Auswertung der 1D-Messungen

Messungen mit der Inversion Recovery Spinecho Impulsfolge liefern die Magnetisierung $M_z(t)$ in Abhängigkeit von den vorgegebenen t'-Zeiten und in Abhängigkeit von der Frequenz, also dem Ort in der Probe. Aus dem zeitlichen Verlauf der Magnetisierung kann die longitudinale Relaxationszeit T_1 berechnet werden (vgl. Abschnitt 2.6.3). Bei dieser ortsauflösenden Messung wird das NMR-Messsignal einer Fourier-Transformation (FT) unterzogen. Das eindimensionale Magnetisierungsprofil ergibt sich dann als Magnitude des Real- und Imaginärteils des fouriertransformierten Signals. Durch diese Berechnung geht die Information über die Phase der Magnetisierung verloren. Sie wurde jedoch mit folgender Routine aus den Messdaten zurückgewonnen, wie es in Abbildung 5.13 dargestellt ist. Mit Hilfe von MATLAB® wurde eine Routine geschrieben, die jeden einzelnen Messpunkt von links beginnend für jede t'-Zeit

5.4. AUFLÖSUNGSVERHALTEN EISEN(III)-HALTIGER MINERALIEN IN SANDEN

in den negativen Bereich umklappt, die Gleichung 2.23 anpasst und das Bestimmtheitsmaß R^2 aufzeichnet. Die Gleichung mit dem besten R^2 wird ausgewählt und aus ihr die T_1-Zeit entnommen.

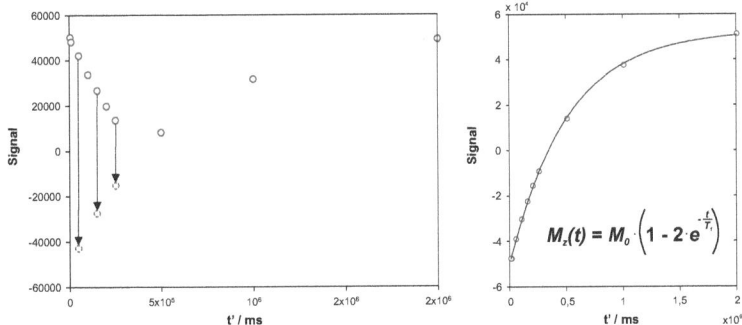

Abb. 5.13: Auswertung der 1D-Messungen - Bestimmung der T_1-Zeiten: links: nach der Fourier-Transformation geht die Information über die Phase der Magnetisierung verloren; rechts: Ergebnis mit dem besten R^2, aus dieser Gleichung wird die T_1-Zeit entnommen.

Um diesen T_1-Zeiten den entsprechenden Ort zuzuordnen wird die Abhängigkeit von der Frequenz genutzt und auf die Probe von genau 1 cm Länge umgerechnet. In Abbildung 5.14 sind links die ersten sechs Zeitschritte einer Messung zu sehen. Im ersten Schritt wird genau der Bereich, den die Probe umfasst, mittels eines Schwellenwertes bestimmt. In einem zweiten Schritt werden den so ermittelten Probengrenzen der Anfang- und Endpunkt als $\pm 0{,}5$ mm und jedem Punkt dazwischen der jeweilige Ort in mm zugewiesen. Das Ergebnis ist in Abbildung 5.14 rechts dargestellt. Bei beiden Abbildungen ist die x-Achse so skaliert, dass rechts das obere Ende der Probe ist.

Zur weiteren Darstellung und Auswertung der Messungen wurden die t'-Zeiten von 500 ms herausgesucht und die entsprechenden T_1-Zeiten über den Ort aufgetragen (vgl. Abb. 5.15 links). Je nach Experiment bedeutet dies einen zeitlichen Abstand zwischen den einzelnen Messungen von 15 bis 25 Minuten. Schnellere Messungen sind nur auf Kosten der Genauigkeit möglich. In Abbildung 5.15 sind wegen der besseren Übersichtlichkeit nicht alle Messlinien dargestellt, sondern alle Messungen der ersten zwei Stunden und dann jede 10. Messung. Aus diesen T_1-Messungen wurde die Eisen(III)-Konzentration, unter Verwendung der vorher beschriebenen Gleichung 5.4 errechnet (vgl. Abb. 5.15 rechts). Zu beachten ist, dass in der linken Abbildung das obere Ende der Probe rechts und im rechten Bild links ist. Des Weiteren ist in Abbildung 5.15 links für die oberste blaue Linie ein Peak zu erkennen, der auf freies Wasser auf der Sand-Probe hinweist. Da die Oberfläche des wassergesättigten Sandes nicht eben ist und kleine Welligkeiten aufweist (vgl. Abb 5.1), betrifft dies nicht nur den obersten Messpunkt, sondern dieses Signal des freien Wassers kann mehrere Signale aus dem obersten Millimeter der Sandschicht überlagern. Um diesen Einfluss auszuschliessen wurden die beeinflussten Messpunkte durch die Festlegung eines Schwellenwertes bei jeder Probe entfernt (vgl. Abb. 5.15 rechts).

64 KAPITEL 5. RELAXATION IN NATÜRLICHEN SANDEN

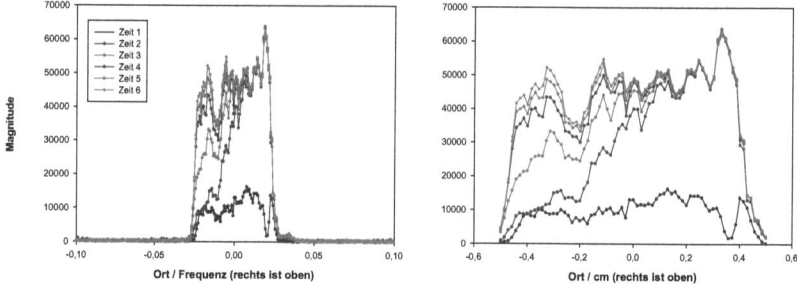

Abb. 5.14: Auswertung der 1D-Messungen - Zuordnung des Ortes zu den T_1-Zeiten: links: die ersten sechs Zeitschritte einer Messung, mit Hilfe eines Schwellenwertes werden die Probengrenzen bestimmt; rechts: Zuweisung des Ortes in cm für jeden einzelnen Messpunkt.

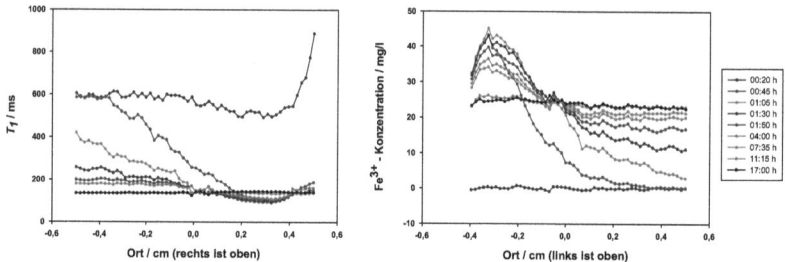

Abb. 5.15: Auswertung der 1D-Messungen - Bestimmung der T_1-Zeiten und Berechnung der Eisen(III)-Konzentration für jeden Ort. Zu beachten ist, dass in der linken Abbildung das obere Ende der Probe rechts und im rechten Bild links ist.

Ergebnisse der 1D-Messungen

In Abbildung 5.16 ist die räumliche Entwicklung der aus den T_1-Messungen berechneten Eisen(III)-Konzentration in Lösung für zwei Experimente dargestellt. Im oberen Versuch wurden 10 µmol H^+ (HCl) zugegeben. Die Messdauer betrug 17,5 Stunden, wobei alle 20 Minuten eine Messung bei der t'-Zeit von 500 ms durchgeführt wurde. Im unteren Versuch beträgt die Säurezugabe 4,5 µmol H^+ (H_2SO_4). Diese Halbierung der Säurekonzentration verlangsamt natürlich die Reaktion. Die auf das Minimum reduzierte Messdauer von 15 min pro T_1-Messung ermöglicht die noch detailliertere Beobachtung des Verlaufs der Eisen(III)-Konzentration im Vergleich zum ersten Versuch.
In Abbildung 5.16 entspricht die dunkelblaue Linie dem wassergesättigten Sand, kurz vor der Zugabe der Säure. Die berechneten Eisen(III)-Konzentrationen liegen hier folglich bei Null.

Die weiteren Linien stehen für die weiteren Zeitschritte, wie in der Legende angegeben. Für die ersten zwei (vgl. Abb. 5.16 oben) beziehungsweise drei Stunden (vgl. Abb. 5.16 unten) sind alle Messungen eingezeichnet. Danach sind nur noch ausgewählte Messungen dargestellt, um die Übersichtlichkeit zu bewahren. Es ist erkennbar, dass es sofort nach Zugabe der Säure einen raschen Anstieg in der gelösten Eisen(III)-Konzentration gibt. Es bildet sich ein Peak aus, der sich erst verbreitert und dann an Höhe verliert. Für die erste Messung mit 10 µmol H^+ und die ersten wenigen Messungen mit 4,5 µmol H^+ ist das Ende der 1 cm langen Probe noch nicht erreicht, dort wurden noch keine Eisen(III)-Ionen von den Oberflächen gelöst. Im Verlauf der Reaktion verringert sich der Peak in der ersten Probenhälfte immer mehr, in der zweiten Probenhälfte steigt die Eisen(III)-Konzentration. Es bildet sich in beiden Versuchen nach etwa vier Stunden ein Gleichgewicht aus, im ersten Versuch (vgl. Abb. 5.16 oben) bei 25 mg/l, im zweiten Versuch (vgl. Abb. 5.16 unten) bei 12 mg/l.

Die Daten zeigen, dass die Auflösung der Eisen(III)-Ionen aus den Mineralien beziehungsweise von den Oberflächen ein sehr schneller Prozess ist. Für die ersten Zeitschritte ergibt sich eine erhöhte Eisen(III)-Konzentration in den obersten Millimetern der Probe. Der Anstieg der Eisen(III)-Konzentration in der zweiten Hälfte der Probe ist sehr gut räumlich und zeitlich zu beobachten. Dies zeigt deutlich, dass der Kontrollmechanismus um ein Gleichgewicht in der Probe zu erreichen die langsamere Diffusion der Fe^{3+}- und der H^+-Ionen ist.

5.5 Zusammenfassung

Relaxation in natürlichen Sanden

Die Oberflächen der Sande haben einen deutlichen Einfluss auf den Relaxationsprozess. Die durchgeführten Experimente an wassergesättigten Sanden konnten bestätigen, dass die Relaxationszeiten in den fünf Sandfraktionen gegenüber dem freien Wasser deutlich verkürzt sind. Je kleiner die Durchmesser der Fraktion, desto kleiner sind die Relaxationszeiten. Das bedeutet, dass die kleinsten Korngrößen den größten Einfluss auf die Oberflächenrelaxation haben. Dies zeigt auch die Gleichung 5.2 für die Oberflächenrelaxation ($1/T_{1,2}^s$). Die verwendeten fünf Sandfraktionen entstammen einer Sandprobe und somit kann von einer gleichen Oberflächenrelaxivität ρ_s der Fraktionen ausgegangen werden. Demzufolge ist in Gleichung 5.2 der Term S/V dominierend.

Befinden sich paramagnetische Zentren auf der Matrixoberfläche, kommt es zu einer Erhöhung der Oberflächenrelaxivitäten und damit zu einer Verkürzung der Relaxationszeiten. Foley et al. (1996) haben beschrieben, dass die Relaxationsraten ($1/T_{1,2}$) von Fluiden in einem porösen Medium proportional zur Konzentration an paramagnetischen Ionen auf der Matrixoberfläche sind. Nach den Autoren muss das Verhältnis T_1/T_2 dabei immer $\geq 7/6$ sein. In Tabelle 5.7 sind die T_1/T_2-Verhältnisse für die untersuchten Proben zusammengestellt. Für die wassergesättigten Sande liegen die Werte der T_1/T_2-Verhältnisse für S1 und S3 deutlich über 7/6 und für die anderen Fraktionen etwa bei 7/6.

Die Zugabe einer Säure (HCl, H_2SO_4) führt zur Auflösung der Eisen(III)-haltigen Mineralien von der Matrixoberfläche. Die freigesetzten Eisen(III)-Ionen verbleiben bei den vorherrschenden niedrigen pH-Werten von $\leq$ 3 als Aquakomplexe in Lösung (vgl. Abschnitt 3.2). Es konnte gezeigt werden, dass es mit steigender Eisen(III)-Konzentration in der Porenlö-

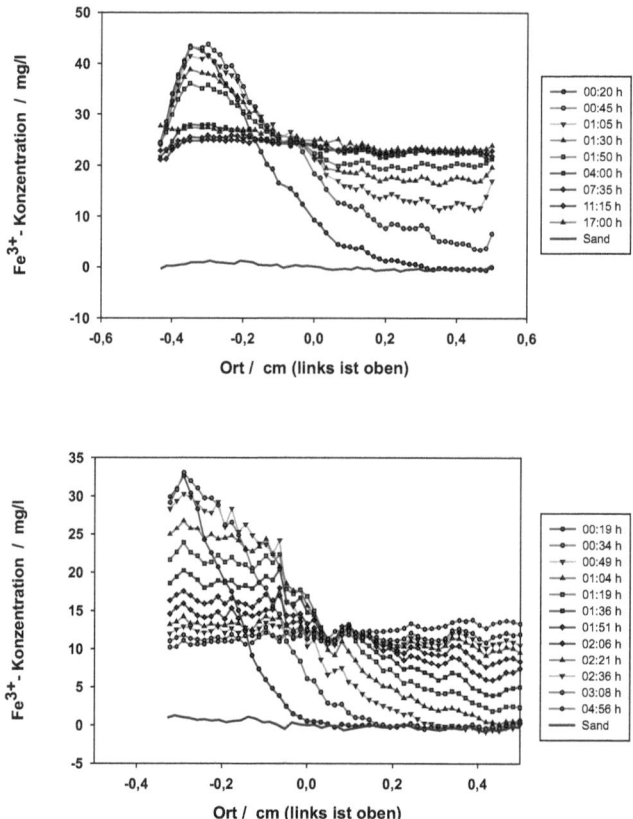

Abb. 5.16: Räumliche Entwicklung der berechneten Eisen(III)-Konzentration in Lösung. Im ersten Versuch (oben) wurden 10 μmol H$^+$ (HCl) zugegeben, im zweiten Versuch (unten) 4,5 μmol H$^+$ (H$_2$SO$_4$). Das obere Ende der Probe ist links.

sung zur Erniedrigung der beiden Relaxationszeiten T_1 und T_2 kommt. Dabei ist der Effekt der gelösten Eisen(III)-Ionen bei großen Durchmessern des porösen Mediums am größten, es überwiegt die Volumenrelaxation. Bei Korndurchmessern kleiner als 200μm ist der Einfluss der Eisen(III)-Ionen in Lösung nicht mehr so deutlich zu erkennen. Hier wird die Relaxation durch die Oberflächenrelaxation dominiert. In Tabelle 5.7 ist zu erkennen, dass die paramagnetischen Eisen(III)-Ionen in der Lösung das T_1/T_2-Verhältnis für die Fraktionen S2 bis S5 deutlich erhöhen. Für die kleinste Fraktion S1 ist die Erhöhung gegenüber der wassergesättigte Probe nicht so deutlich, was bestätigt, dass hier die Oberflächenrelaxation gegenüber der Volumenrelaxation dominiert. Des Weiteren hat Baumann (2007) gezeigt, dass bei niedrigen

Tabelle 5.7: Die T_1/T_2-Verhältnisse für wassergesättigte Sande, Sande nach der Zugabe der Säure (Fe^{3+} in der Porenlösung) und Sande nach der Zugabe der Base.

	d µm	T_1/T_2 (Sand)	T_1/T_2 (+ Säure)	T_1/T_2 (+ Base)
S1	63 - 125	2,1	2,3	-
S2	125 - 200	1,2	2,1	-
S3	200 - 500	1,7	2,2	1,5
S4	500 - 800	1,1	2,2	-
S5	800 - 1000	1,2	2,3	-

Eisen(III)-Konzentrationen in porösen Medien die spezifische Oberfläche die Relaxation bestimmt. Bei sehr großen Eisen(III)-Konzentrationen ist die Relaxation ausschließlich von der Volumenrelaxation des Porenfluids abhängig, so dass der Einfluss der Oberflächen bei hohen Eisen(III)-Konzentrationen vernachlässigbar ist.

Die Zugabe der Base auf die Eisen(III)-haltigen Sande bewirkt einen Anstieg des pH-Wertes auf ≥ 4 in der Porenlösung und damit das Ausfallen der Eisen(III)-Ionen auf den Oberflächen. Die entstehenden Eisen(III)-Minerale und -Beläge auf den Matrixoberflächen haben nicht die gleiche chemische und mineralogische Form, wie die ursprünglich natürlich entstandenen Eisen(III)-Vorkommen in den Sanden.
Die Relaxationsmessungen an der Sandfraktion S3 zeigen, dass die beiden Relaxationszeiten nach der Basenzugabe wieder deutlich ansteigen. Die Relaxation wird demzufolge weniger stark verkürzt als bei niedrigeren pH-Werten. Es werden fast die Ausgangswerte der unbehandelten Sandfraktionen erreicht. Die untersuchte Relaxationszeitverteilung von T_2 zeigt, dass es möglich ist, durch die Erhöhung des pH-Wertes fast die gleiche T_2-Relaxationszeitverteilung wie die der unbehandelten Probe zu erreichen. Auch in Tabelle 5.7 ist zu erkennen, dass die Zugabe der Base und damit die Ausfällung der Eisen(III)-Ionen zu einer Erniedrigung des T_1/T_2-Verhältnisses für die S3-Fraktion führt. Es liegt etwas unter dem Wert der unbehandelten Sande, aber immer noch deutlich über dem Wert von 7/6.

Auflösung Eisen(III)-haltiger Mineralien in Sanden

In dieser Arbeit wurde gezeigt, dass es mit Hilfe der Messung von NMR-Relaxationszeiten auch in Sanden möglich ist, die Eisen(III)-Konzentrationen in der Porenlösung zu berechnen. Unter Zuhilfenahme der Ergebnisse für die wassergesättigten Sande und der Relaxivität der Eisen(III)-Ionen kann die Konzentration der gelösten Eisen(III)-Ionen mit Gleichung 5.4 bestimmt werden. Dabei müssen neben den Messunsicherheiten aus der NMR-Messung auch Unsicherheiten, die aus den Korngrößenverteilungen stammen, berücksichtigt werden. Hier konnte gezeigt werden, dass die Unsicherheiten der Korngröße wesentlich kleiner sind als die Messunsicherheiten aus den Relaxationszeitmessungen.

Unter Verwendung dieser Berechnung wurde der Auflösungsprozess von Eisen(III)-haltigen Mineralien aus natürlichen Sanden bei Zugabe von Säuren untersucht. Die Messungen wurden zum einen über einen Zeitraum verfolgt, zum anderen auch durch die Verwendung einer neu programmierten Pulssequenz räumlich aufgelöst beobachtet. Im Anschluss an die Messungen wurde die Interpretation der Daten durch die Modellierung mit MIN3P gestützt.

Die Beobachtung des Anstiegs der gelösten Eisen(III)-Konzentration infolge der Mineralauflösung ist mit sehr guter zeitlicher Auflösung möglich. Der Prozess der Auflösung Eisen(III)-haltiger Mineralien von den Oberflächen der Sande ist ein schneller Prozess. Das System strebt einem Gleichgewichtszustand entgegen. Als Modellansatz wurde ein "flow and reactive transport simulation"-Modell gewählt, da es die Diffusion der beteiligten Spezies berücksichtigt. Mit diesem Ansatz werden die Messdaten sehr gut angepasst. Die kalibrierten Parameter des Modellierungsansatzes sind der pH-Wert der Randbedingung und die effektive Geschwindigkeitskonstante im System K_eff. Der pH-Wert der Randbedingung ist der dominierende Parameter des Reaktionssystems. Die Modellierung bestätigt, dass bei allen drei verwendeten Säurezugaben ein sehr geringer pH-Wert von <2 erreicht wurde, so dass Eisen(III)-Ionen aus den Mineralien in Lösung gehen. Je mehr Säure zugegeben wurde, desto niedriger ist auch der pH-Wert. Je kleiner der pH-Wert ist, desto größer ist natürlich auch die lösbare Eisen(III)-Konzentration. Der K_eff bezieht sich auf die Menge der vorhandenen Feststoffe im System und ist ein materialspezifischer Parameter. Die modellierten Werte für K_eff liegen für die verwendeten drei Säuremengen zwischen $1{,}25 \times 10^{-10}$ und $1{,}95 \times 10^{-10}$ mol/m^3 bulk s. Der Diffusionskoeffizient D ist der Mittelwert für alle beteiligten Spezies und wurde auf $4{,}5 \times 10^{-9}$ m^2/s festgelegt. Damit liegt er im Bereich von freiem Wasser ($2{,}3 \times 10^{-9}$ m^2/s bei 25°C). Die Ergebnisse der Modellierung zeigen, dass das Reaktionssystem zu Beginn der Reaktion von der Diffusion dominiert wird, am Ende ist die Reaktionsgeschwindigkeit der bestimmende Parameter.

Auch die räumliche Beobachtung des Prozesses der Mineralauflösung ist durch die Messung der T_1-Relaxationszeit sehr detailliert möglich. Jedoch ist die Messzeit einer Messung deutlich länger im Vergleich zur Verwendung der T_2-Relaxationszeit. Die einzelnen Messpunkte sind eine Mittelung über die Zeit der Einzelmessung und auch den Querschnitt des Röhrchens, in diesem Fall 0,7 mm Außendurchmesser. Trotzdem kann die Auflösung der Eisen(III)-Ionen von den Oberflächen sehr gut beobachtet werden. Die Ergebnisse zeigen, dass zu Beginn der Reaktion ein Eisen(III)-Konzentrationspeak in der Lösung entsteht, der auf der Auflösung von Eisen(III)-Mineralen basiert. Der Prozess der Diffusion ist wesentlich langsamer, so dass der Konzentrationsausgleich über die gesamte Probenlänge deutlich länger dauert.

Kapitel 6

Redoxreaktionen des Eisens in Lösung und in natürlichen Sanden

6.1 Motivation

Im Rahmen dieser Arbeit wurde bereits gezeigt, dass paramagnetische Substanzen und Ionen Einfluss auf die Relaxationszeiten haben und dass es dabei einen deutlichen Unterschied zwischen Eisen(II)- und Eisen(III)-Ionen gibt. Dieser Umstand soll genutzt werden, um Umsetzungen zwischen diesen beiden Oxidationsstufen des gelösten Eisens zu untersuchen. Es wurden Oxidations- und Reduktionsreaktionen von Eisen-Ionen in Wasser mit Hilfe von Oxidations- und Reduktionsmitteln herbeigeführt. Redoxreaktionen des Eisens sind wichtige Prozesse in der Natur, beispielsweise bei der Atmung von Bakterien und der Pyritoxidation.

Es werden Messungen der beiden Relaxatiosnzeiten $T_{1,2}$ präsentiert, zum Teil mit hoher zeitlicher Auflösung. Aus den Relaxationszeiten wurde auf die resultierenden Eisen(III)-Konzentrationen in Lösung geschlossen. Als Oxidationsmittel dient Wasserstoffperoxid. Als Reduktionsmittel wurden Magnesiumspäne, Oxalsäure und Zinn(II)-chlorid eingesetzt. Die Wahl dieser drei unterschiedlichen Reduktionsmittel erlaubt einen Einblick in unterschiedliche Prozesse, da sie die Simulation einer Eisen(III)-Senke einerseits durch Reduktion aber auch durch Ausfall bei erhöhten pH-Werten und Komplexierung ermöglichen. Die Messungen wurden zu Beginn in wässriger Lösung durchgeführt. Danach wurden diese Prozesse auch in natürlichen Sanden untersucht.

6.2 Probenmaterial und Vorgehensweise

6.2.1 Verwendete Chemikalien und Materialien

Eine Zusammenfassung der verwendeten Chemikalien und Materialien ist dem Anhang A zu entnehmen. Die Herstellung der Eisen(II)-sulfat-Lösungen und der Eisen(III)-chlorid-Lösungen erfolgte wie bereits im Abschnitt 4.2.1 detailliert erläutert. Zur Herstellung der Oxalsäure wurde Oxalsäure-Dihydrat ($C_2H_2O_4 \cdot 2\,H_2O$) in destilliertem Wasser gelöst. Das wasserhaltige Zinn(II)-chlorid Dihydrat ($SnCl_2 \cdot 2\,H_2O$) wurde in destilliertem Wasser gelöst. Bei den verwendeten natürlichen Sanden handelte es sich ebenfalls um die im Abschnitt 5.2.1 bereits ausführlich vorgestellten Sande der Fraktion S3 (200-500 µm).

6.2.2 Durchführung und Auswertung der Messungen

Das Einfüllen der Sande in die Probenröhrchen erfolgte analog zu der in Abschnitt 5.2.2 bereits ausführlich beschriebenen Durchführung der Messungen. Damit die Eisen(III)-Ionen in Lösung gehen wurde Salzsäure zugegeben (vgl. Abschnitt 5.4) und das Ende dieser Reaktion abgewartet. Der pH-Wert war bei allen Proben < 2. Nach der Zugabe der Säure entstand ein kleiner Überschuss an Porenlösung, der dazu diente einen besseren Kontakt mit den festen Reduktionsmitteln herzustellen (vgl. Abb 6.1). Direkt vor der Messung wurde das jeweilige Reduktionsmittel (Oxalsäure, Magnesiumspäne, Zinn(II)-chlorid) von oben auf die Probe gegeben. Dabei lag die Oxalsäure in gelöster Form vor. Für die Messungen in Lösung wurde Zinn(II)-chlorid Dihydrat wie oben beschrieben gelöst. Für die Messungen in wassergesättigten Sanden mit Eisen(III)-Ionen in der Porenlösung wurden die beiden Reduktionsmittel Magnesiumspäne und Zinn(II)-chlorid im festen Zustand verwendet und oben auf die Probe aufgelegt (vgl. Abb 6.1).

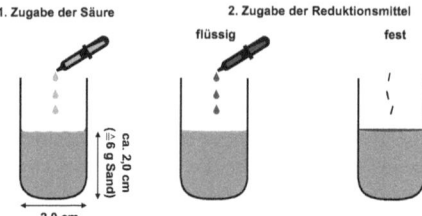

Abb. 6.1: Probenpräparation für die wassergesättigten Sande zuerst mit Säure und dann mit dem Reduktionsmittel für das MARAN DRX.

Alle NMR-Messungen fanden bei Raumtemperatur (22°C) statt. Verluste durch Verdunstung wurden durch das Verschließen der Proben verhindert. Die Messungen mit zeitlicher Auflösung wurden als T_2-Relaxationszeitmessungen am MARAN DRX und die Messungen mit räumlicher Auflösung wurden als T_1-Relaxationszeitmessungen am FEGRIS NT durchgeführt (vgl. Abschnitte 2.6 & 5.2.2).

6.2.3 Modellierung

Die Modellierung wurde mit dem Programm MIN3P (Version 1.1) durchgeführt (vgl. Abschnitt 3.7). Die Parameterschätzung erfolgte wieder mit dem Programm PEST (vgl. Abschnitt 3.7). Die Reduktionsreaktionen von Eisen(III)-Ionen in Lösung wurden ebenfalls mit Diffusion mit Hilfe des Simulationstyps "flow and reactive transport simulation" mit dem Reaktionstyp "kinetically-controlled dissolution-precipitation reaction" modelliert. Beschreibt der Verlauf der modellierten Kurven die Messdaten gut, wird die Interpretation der stattfindenden Prozesse bestätigt. Kann das Modell jedoch die Daten nicht gut abbilden, deutet dies darauf hin, dass (1) die ablaufenden Prozesse nicht zufriedenstellend im Modell beschrieben werden können oder dass (2) es andere Einflüsse auf die Relaxationszeiten gibt, die nicht berücksichtigt worden sind bei der Interpretation der Daten. Alle Eingabedateien mit dem jeweils besten Parametersatz sind im Anhang B zu finden.

6.3 Redoxreaktionen des Eisens in Lösung

6.3.1 Oxidation in Lösung - durch Wasserstoffperoxid

Um eine Oxidation von Eisen(II)- zu Eisen(III)-Ionen zu simulieren, wurde Eisen(II)-sulfat-Lösung unterschiedlicher Konzentrationen mit Wasserstoffperoxid (H_2O_2) im Überschuss versetzt. Im sauren Milieu läuft dann folgende Reaktion ab:

$$2FeSO_4 + H_2O_2 + 6H^+ \rightarrow 2Fe^{3+} + 2H_2SO_4 + 2H_2O \quad (6.1)$$

Es wurden zwei Versuchsreihen mit Lösungen bei den pH-Werten eins und vier durchgeführt. Die Ergebnisse der T_1-Relaxationszeitmessungen sind in Abbildung 6.2 dargestellt. Auf der x-Achse sind dabei diejenigen Eisen-Konzentrationen aufgetragen, die durch Verdünnen der Eisen(II)-sulfat-Lösung eingestellt worden sind. Die schwarze Linie verdeutlicht die T_1-Relaxationsrate der Eisen(II)-sulfat-Lösungen zu Beginn des Experiments, d.h. die gelösten Eisen(II)-Ionen vor der Oxidation. Diese ist unabhängig vom pH-Wert.

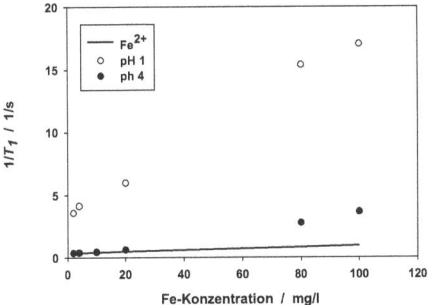

Abb. 6.2: Abhängigkeit der longitudinalen Relaxationsrate von der angesetzten Eisen(III)-Konzentration während der Oxidation von Eisen(II)- zu Eisen(III)-Ionen in Wasser bei den pH-Werten eins (leere Punkte) & vier (schwarze Punkte). Die schwarze Linie gilt für die Eisen(II)-sulfat-Lösung vor der Oxidation und ist nicht pH-Wert abhängig.

Für den pH-Wert von eins ist zu erkennen, dass es einen deutlichen Unterschied in den Relaxationsraten vor und nach der Oxidation gibt. Die Relaxationsraten steigen deutlich an und besitzen eine Abhängigkeit von der Ionen-Konzentration. Dies zeigt, dass Eisen(II)-Ionen in Eisen(III)-Ionen umgesetzt worden sind. Bei diesem pH-Wert verbleiben die entstehenden Eisen(III)-Ionen in Lösung (vgl. Abschnitt 3.1).
Bei einem pH-Wert von vier ist der Unterschied in den Relaxationsraten vor und nach der Oxidation bei kleinen Eisen-Konzentrationen sehr gering. Bei hohen Eisen-Konzentrationen gibt es einen Beitrag zur Relaxationsrate von den gelösten Eisen(III)-Ionen. Bei diesem herrschenden pH-Wert verbleiben die Eisen(III)-Ionen nicht ausschließlich in Lösung. Es kann davon ausgegangen werden, dass über den gesamten Konzentrationsbereich ein Teil der Eisen(III)-Ionen aus der Lösung ausfällt. Diese ausgefallenen Eisen(III)-oxide und -hydroxide haben kaum Einfluss auf die Relaxation. Wird mit Gleichung 5.4 aus den gemessenen T_1-Relaxationsraten die

zugehörigen Eisen(III)-Konzentrationen berechnet, dann bestätigt sich dies. Bei dem pH-Wert von vier können für die vier niedrigsten Eisen-Konzentrationen (2-20 mg/l) fast keine gelösten Eisen(III)-Ionen nachgewiesen werden (0-1,4 mg/l). Lediglich für die beiden höchsten Konzentrationen (80 & 100 mg/l) kann gezeigt werden, dass Eisen(III)-Ionen nach der Oxidation in Lösung verbleiben. Allerdings liegt deren Menge deutlich unter der der angesetzten Eisen(II)-Ionen. Für die mit 100 mg/l-konzentrierte Eisen(II)-Lösung beispielsweise verbleiben 18 mg/l Eisen(III)-Ionen nach der Oxidation in Lösung. Bei dem pH-Wert von eins zeigen die Relaxationszeiten deutlich höhere Eisen(III)-Konzentrationen in Lösung. Beispielsweise werden über 93 mg/l Eisen(III)-Ionen für die mit 100 mg/l Eisen(II)-Ionen angesetzte Lösung berechnet.

6.3.2 Reduktion in Lösung - durch Magnesiumspäne

Werden einer Eisen(III)-chlorid-Lösung Magnesiumspäne zugegeben, erfolgt eine Reduktion der Eisen(III)-Ionen zu Eisen(II)-Ionen und eine Erhöhung des pH-Werts. Gleichzeitig wird das Magnesium durch die H^+-Ionen unter Wasserstoffbildung zu Mg^{2+}-Ionen oxidiert und somit zusätzlich verbraucht. Während der Reaktion überziehen sich die Magnesiumspäne mit einem braunen Eisenhydroxid-Überzug. Die Reaktionsgleichungen sehen folgendermaßen aus:

$$2Fe^{3+} + Mg \rightarrow Mg^{2+} + 2Fe^{2+} \quad (6.2a)$$

$$Mg + 2H_2O \rightarrow Mg^{2+} + H_2 \uparrow + 2OH^- \quad (6.2b)$$

$$3OH^- + Fe^{3+} \rightarrow Fe(OH)_3 \downarrow \quad (6.2c)$$

Die Reduktion der Eisen(III)-Ionen in Wasser wurde bei unterschiedlichen pH-Werten untersucht. Dazu wurde eine 56 mg/l konzentrierte Eisen(III)-chlorid-Lösung hergestellt, einmal ohne und einmal mit einer Säure (HCl) versetzt. Zu den Eisen-Lösungen wurden die Magnesiumspäne gegeben und während der Reaktion wurde, wie in Abschnitt 5.4.2 beschrieben, die T_2-Relaxationszeit kontinuierlich gemessen. Im Anschluss daran wurden die Eisen(III)-Konzentrationen bestimmt.

Die nicht angesäuerte Lösung hat zu Beginn einen pH-Wert von drei bis vier. Die der Lösung zugegebenen zwei Magnesiumspäne sinken nach unten. Während der Reaktion kommt es zu einer H^+-Entwicklung und auf den Magnesiumspänen bildet sich der Eisenhydroxid-Überzug. Die Ergebnisse der aus den T_2-Relaxationszeitmessungen berechneten Eisen(III)-Konzentrationen sind in Abbildung 6.3 dargestellt. Nach der Zugabe der Magnesiumspäne steigt die T_2-Zeit über den gesamten Beobachtungszeitraum an beziehungsweise sinkt die Eisen(III)-Konzentration ab. Das Ende der Reaktion ist nach den etwa 20 Stunden der Beobachtung noch nicht erreicht. Weiterhin ist zu erkennen, dass die eingestellte Anfangskonzentration des Eisens (56 mg/l) schon zu Beginn der Messungen nicht mehr vorhanden war. Dies belegt den schon beschriebenen Einfluss des pH-Wertes, und das damit verbundene Ausfallen der Eisen(III)-Ionen aus der Lösung vor der eigentlichen Reaktion.
Aus der Menge des zugegebenen Magnesiums kann unter Verwendung der Gleichung 6.2a auf das maximal mögliche zu reduzierende Eisen(III) geschlossen werden. In diesem Fall können 0,13 mmol/l zugegebenes Magnesium maximal 0,26 mmol/l Eisen(III) reduzieren, was einer Endkonzentration von 0,44 mmol bzw. 25 mg/l Eisen(III) in Lösung nach der Reduktion entspricht. In Abbildung 6.3 ist jedoch deutlich zu erkennen, dass die Endkonzentration

6.3. REDOXREAKTIONEN DES EISENS IN LÖSUNG

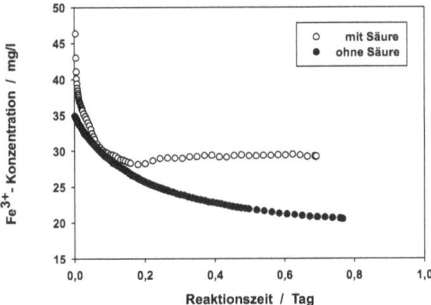

Abb. 6.3: Abnahme der Eisen(III)-Konzentrationen in Lösung mit der Reaktionszeit durch Reduktion der Eisen(III)- zu Eisen(II)-Ionen nach der Zugabe von Magnesiumspänen, ohne Säurezugabe (schwarze Punkte) & mit Säurezugabe vor Reaktionsbeginn (leere Punkte).

von Eisen(III) bei etwa 20 mg/l liegt. Dies ist ebenfalls ein Beleg dafür, dass ein Anteil der Eisen(III)-Ionen aus der Lösung ausgefallen ist.
Im Versuch mit der angesäuerten FeCl$_3$-Lösung besitzt diese vor Reaktionsbeginn einen pH-Wert von eins bis zwei in dem alle Eisen(III)-Ionen in Lösung verbleiben sollten. Die Magnesiumspäne wurden oben ausserhalb des Messbereichs in einem Gazesäckchen befestigt, so dass die H$^+$-Bildung ausserhalb des Messbereichs stattfindet. Die Ergebnisse sind in Abbildung 6.3 gezeigt. Die T_2-Relaxationszeit steigt nach der Zugabe der Magnesiumspäne sehr rasch und deutlich an, respektive sinkt die Eisen(III)-Konzentration ab. Nach etwa 2,5 Stunden ist das gleiche Niveau erreicht, wie für die Probe ohne Säurezugabe. Nach etwa 5 Stunden jedoch bleibt die Eisen(III)-Konzentration konstant. Es scheint als wäre das Magnesium verbraucht und die Reaktion beendet. Auch hier wird das Magnesium zusätzlich unter Bildung von Wasserstoff zu Mg^{2+} oxidiert. Das zusätzliche H$^+$ im System (durch die Zugabe der Säure) bewirkt, dass die OH$^-$ schneller aus dem System entfernt werden können, so dass sie nicht mehr für den Ausfall der Fe^{3+}-Ionen als Fe(OH)$_3$ zur Verfügung stehen (vgl. Gl. 6.2). Dies erklärt, dass die Eisen(III)-Konzentration nicht weiter absinkt, weil das Magnesium tatsächlich verbraucht ist.

Modellierung

Die Modellierung der Reduktion der Eisen(III)-Konzentration durch die Zugabe von Magnesiumspänen wurde mit dem Programm MIN3P und die Parameterabschätzung mit dem Programm PEST durchgeführt (vgl. Abschnitte 3.7 & 5.2.3). Es wurde das "flow and reactive transport simulation"-Modell verwendet, so dass Ausfällungs- und Reduktionsprozesse ebenso wie die Diffusion Berücksichtigung finden. Der Modell-Diffusionskoeffizient, der Mittelwert für das diffusive Verhalten aller simulierten Spezies, wurde mit $4,0 \times 10^{-9}$ m^2/s für die nicht angesäuerte Probe beziehungsweise $7,5 \times 10^{-9}$ m^2/s für die angesäuerte Probe festgelegt. Die variierten Parameter sind der pH-Wert und der K_eff. Da es sich um die Reduktion in reiner Lösung handelt, spielt die Ratenkonstante K_eff in dieser Modellierung eine untergeordnete Rolle. Die beiden ausgeführten Dateien mit dem jeweils besten Parametersatz sind im Anhang B zu finden.

Die Ergebnisse der Modellierung für die beiden gemessenen pH-Regime sind in Abbildung 6.4 und die besten Parameter in Tabelle 6.1 gezeigt. Im ersten Fall, der Reduktion ohne Ansäuerung der Probe, wurde die Reaktion als reiner Ausfall eines Minerals (Goethit) aus der Lösung modelliert (vgl. Abb. 6.4 links). Der in Tabelle 6.1 angegebene Wert für K_eff gilt somit für das Ausfallen des Goethits. Die Modellierung bestätigt den gemessenen pH-Wert von drei. Die Anpassung der modellierten Kurve an die Messwerte ist generell gut. Der Abfall der Eisen(III)-Konzentration in der Lösung wird sehr gut nachempfunden. Somit lässt sich die gemessene Reaktion komplett als Ausfällung im Modell anpassen.

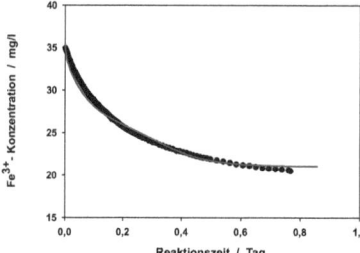 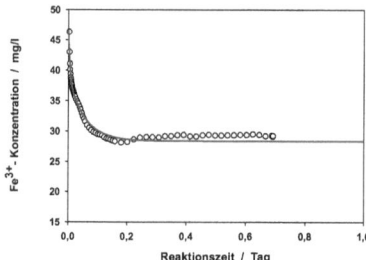

Abb. 6.4: Modellierung der Reduktion der Eisen(III)- zu Eisen(II)-Ionen in Wasser durch die Zugabe von Magnesiumspänen; links: Modellierung der nicht angesäuerten Lösung als Ausfall des Minerals Goethit; rechts: Modellierung der angesäuerten Lösung als Reduktion.

Im zweiten Fall, der Reduktion in vorher angesäuerter Lösung, wurde die Modellierung realisiert, indem Fe^{3+} zu Fe^{2+} unter Verwendung der Gleichung 6.2a reduziert wird. Diese Gleichung wurde in die Datenbank eingepflegt (vgl. Anhang B). Die Befestigung der Magnesiumspäne ausserhalb des Messbereichs wurde in der Modellierung als oberste, dünne Schicht auf der Probe berücksichtigt. Aus numerischen Gründen wurde Magnesium auch in der Lösung in sehr geringen Mengen (10^{-20} mol/l) als vorhanden definiert (vgl. Anhang B für die Datei mit dem besten Parametersatz). Die Ergebnisse sind in Abbildung 6.4 rechts dargestellt und der ermittelte Paramater K_eff ist in Tabelle 6.1 angegeben. Zu beachten ist, dass der K_eff in diesem Fall für die Magnesiumspäne gilt. Der pH-Wert wurde in diesem Fall nicht angepasst. Die Modellierung der gemessenen Punkte ist zufriedenstellend. Der sehr rasche Abfall der Eisen(III)-Konzentration in den ersten drei Stunden konnte sehr gut realisiert werden, so dass die Messpunkte durch die Modellierung fast exakt wiedergegeben werden. Nach dem raschen Abfall ist der Verlauf der modellierten Kurve den Messdaten sehr ähnlich, trifft jedoch die Messpunkte nicht mehr direkt. Der modellierte Endwert der Eisen(III)-Konzentration entspricht nicht genau dem gemessenen. Die Abweichungen der modellierten Kurve von den Messpunkten sind unter anderem damit zu erklären, dass die Reaktion nur an der Oberfläche

6.3. REDOXREAKTIONEN DES EISENS IN LÖSUNG

der Magnesiumspäne stattfinden kann. Diese Oberfläche jedoch wird mit fortschreitender Zeit durch einen Eisen-Hydroxid-Überzug verringert und stellt somit keine zeitlich konstante Senke dar. Dieser Effekt konnte im Modell nicht eingebaut werden. Des Weiteren berücksichtigt die Gleichung 6.2a den zusätzlichen Prozess des Ausfallens von $Fe(OH)_3$ und die gleichzeitige Reduktion des Magnesiums nicht.

Tabelle 6.1: Ermittelte Werte für die Parameter K_eff, pH-Wert und D für die Modellierung der Eisen(III)-Reduktion durch die Zugabe von Magnesiumspänen.

Probe	modelliert als	K_eff mol/m^3 bulk s	pH -	D m^2/s
nicht angesäuert	Ausfall	$2{,}50 \times 10^{-18}$	3,0	$4{,}0 \times 10^{-9}$
angesäuert	Reduktion	$2{,}51 \times 10^{-11}$	-	$7{,}5 \times 10^{-9}$

Zusammenfassend wurde für den Versuch der nicht angesäuerten Lösung durch die Modellierung bestätigt, dass die gemessene Verringerung der gelösten Eisen(III)-Konzentration fast ausschließlich auf ein Ausfallen der Eisen(III)-Ionen aus der Lösung im vorherrschenden pH-Bereich zurückzuführen ist. Ob es sich dabei wirklich, wie modelliert, um Goethit handelt, oder um ein anderes Mineral oder ein Mineralgemisch, ist dabei nicht Ziel der Untersuchung gewesen. Die geringe Abweichung der Modellkurve von den Messdaten wird damit erklärt, dass eine Reduktion der Eisen(III)- zu Eisen(II)-Ionen in dieser Modellierung gar nicht berücksichtigt ist, zu einem geringen Anteil jedoch in der Lösung stattfinden wird. Die Modellierung der Reaktion in der angesäuerten Lösung erfolgte als eine sehr einfache Reduktion von Fe^{3+}- zu Fe^{2+}-Ionen mit Diffusion der beteiligten Spezies. Die gute Anpassung der Modellierung an die Messdaten verdeutlicht, dass dieser Ansatz der Interpretation der Messdaten stimmt. In sauren pH-Bereichen von 1 bis 2 dominiert die Reduktion der Eisen(III)-Ionen.

6.3.3 Reduktion in Lösung - durch Oxalsäure

Oxalsäure ($C_2H_2O_4$, auch $(COOH)_2$) ist die einfachste Dicarbonsäure und durch die Nachbarstellung der Carboxylgruppen eine starke Säure. Mit Eisen(II,III)-Ionen bilden sich die Eisen(II)-Oxalate $Fe(C_2O_2)$ und Eisen(III)-Oxalate $Fe_2(C_2O_4)_3$. Durch diesen schnellen Prozess der Komplexbildung werden die Eisen-Ionen in die Oxalat-Struktur eingebaut und gehen somit der freien Lösung verloren (vgl. Gl. 6.3a). Neben der Bildung von Oxalat-Komplexen wirkt die Oxalsäure außerdem als Reduktionsmittel. Dabei ist allerdings zu beachten, dass die Eisen-Oxalat-Komplexe nicht sofort reduziert werden, sondern lichtempfindlich sind. Eisen(III)-Oxalationen werden erst durch Bestrahlung mit UV-Licht ($\lambda = 300\text{-}400$ nm) oder mit sichtbarem Licht ($\lambda = 400\text{-}800$ nm) zu Fe(II) reduziert (vgl. Gl. 6.3b). Gemäß der vom pH-Wert abhängigen Löslichkeit der Eisen(III)-Komplexe ist in dem herrschenden pH-Bereich (≤ 2) die photolytische Reduktion von Fe^{3+}- zu Fe^{2+}-Oxalatkomplexen sehr groß.

$$3C_2H_2O_4 + Fe^{3+} \rightarrow [Fe^{III}(C_2O_4)_3]^{3-} + 6H^+ \qquad (6.3a)$$

$$2[Fe^{III}(C_2O_4)_3]^{3-} \xrightarrow{h \cdot \nu} 2Fe^{2+} + 5(C_2O_4)^{2-} + 2CO_2 \qquad (6.3b)$$

In einem ersten Schritt wurde zu zwei unterschiedlich konzentrierten Eisen(III)-Lösungen Oxalsäure gegeben. Es werden drei Oxalationen benötigt um ein Fe^{3+}-Ion zu komplexieren, deswegen wurde Oxalsäure im Überschuss zugegeben. Direkt vor und nach der Zugabe der Oxalsäure wurde die T_2-Relaxationszeit bestimmt. Die Zeitspanne ist so kurz gewählt, dass davon ausgegangen werden kann, dass es nur zu einer Komplexbildung, nicht aber zu einer Reduktion der Eisen(III)-Komplexe gekommen ist. Die Ergebnisse dieser Messungen sind in Tabelle 6.2 aufgelistet. Oxalsäure an sich hat keinen Einfluss auf die Relaxation. Die Zugabe von Oxalsäure zu den Fe^{3+}-Lösungen und damit die Komplexierung der freien Fe^{3+}-Ionen in Oxalaten führt zu einer Erhöhung der Relaxationszeiten. Die T_2-Relaxationszeit von freiem Wasser wird nicht erreicht. Dies ist ein Zeichen dafür, dass trotz Zugabe der Oxalsäure im Überschuss nicht alle Fe^{3+}-Ionen in Komplexe eingebaut worden sind oder eventuell die eingebauten Ionen einen geringeren, aber vorhandenen Einfluss auf die Relaxationszeit haben. Leider liegen keine direkten Untersuchungen zum Einfluss der Fe^{3+}-Ionen in Oxalat-Komplexen auf die NMR-Relaxationszeiten vor.

Tabelle 6.2: Komplexierung der freien Eisen(III)-Ionen in Oxalaten: Die beiden linken Spalten zeigen die Konzentration und die resultierende T_2-Relaxationszeit der verwendeten Eisenlösungen. Die nächsten beiden Spalten zeigen die zugegebenen Konzentrationen an Oxalsäure und die T_2-Relaxationszeiten am Ende der Reaktion. Und die letzte Spalte zeigt die aus den T_2-Relaxationszeiten berechneten Eisen(III)-Konzentrationen in Lösung.

Fe^{3+} zu Beginn (eingestellt) mg/l	T_2 ms	Oxalsäure mg/l	T_2 ms	Fe^{3+} am Ende (berechnet) mg/l
0	-	9000	1250	-
56	100	900	769	3
335	17	4500	56	99
335	17	9000	100	53

In einem zweiten Schritt fand die Beobachtung der photolytischen Reduktion der Fe^{3+}-Oxalat-Komplexe statt. Es wurden die T_2-Relaxationszeiten der Proben als erstes direkt nach der Zugabe der Oxalsäure (d.h. nach der Entstehung der Eisen(III)-Oxalat-Komplexe) und dann nach 24 Stunden noch einmal gemessen. Die Einwirkung des sichtbaren Lichts führt zur Reduktion der Fe^{3+}-Oxalate. Die Ergebnisse sind in Tabelle 6.3 dargestellt. Die T_2-Relaxationszeit der Fe^{3+}-Lösung im Vergleich zu destilliertem Wasser ist deutlich reduziert. Die Zugabe der vier-fachen Menge an Oxalsäure, die rechnerisch ausreicht um alle vorhanden Fe^{3+}-Ionen zu komplexieren, führt nur zu einer geringfügigen Erhöhung der Relaxationszeit um wenige Millisekunden (vgl. Tab. 6.3). Wird jedoch die Reduktion der Fe^{3+}-Oxalat-Komplexe unter Einwirkung von sichtbarem Licht abgewartet, so ist ein deutlicher Anstieg der T_2-Relaxationszeit auf über das 10-fache zu erkennen. Dies zeigt, dass Fe^{3+}-Ionen durch Reduktion aus der Lösung entfernt werden und somit deren Einfluss auf die Relaxation deutlich abnimmt. Auch weitere Lagerung im Licht verändert die T_2-Zeit nicht mehr. Dies ist ein Zeichen, dass auch die photolytische Umsetzung mit Oxalsäure nicht vollständig abläuft, wobei allerdings auch nicht ausgeschlossen werden kann, dass die durch die Reduktion entstandenen Fe^{2+}-Ionen sowie die

Fe^{3+}-Oxalat-Komplexe einen Einfluss auf die T_2-Relaxation besitzen.

Tabelle 6.3: Photolytische Reduktion von Fe^{3+}- zu Fe^{2+}-Oxalatkomplexen.

	T_2 / ms
Fe^{3+}-Lösung	14
+ Oxalsäure (im Überschuss)	23
nach 24 Stunden	317

6.3.4 Reduktion in Lösung - durch Zinn(II)-chlorid

In der chemischen Analyse wird Zinn(II)-chlorid (SnCl$_2$) unter anderem zur Reduktion von Eisen- und Manganoxiden eingesetzt. Es reduziert in saurer Lösung Eisen(III)-Salze zu Eisen(II)-Salzen wie folgt:

$$2\text{Fe}^{3+} + \text{Sn}^{2+} \rightarrow 2\text{Fe}^{2+} + \text{Sn}^{4+} \quad (6.4)$$

Die Reduktion der Fe^{3+}-Ionen findet nicht instantan statt. Deswegen wurden die Proben 24 Stunden stehen gelassen, damit die Reaktion ablaufen konnte und erst danach gemessen. Die Ergebnisse der Messungen sind in Tabelle 6.4 zusammengefasst. Da bei der Reaktion (vgl. Gl. 6.4) zwei Eisen(III)-Ionen verbraucht werden, um ein Zinn(II)-Ion zu oxidieren, wurde im ersten Versuch etwa die Hälfte der Eisen(III)-Konzentration an Zinn(II)-chlorid zugegeben (Zeile 2 in Tab. 6.4). Ergebnis der Messung ist eine nur sehr geringe Zunahme der T_2-Relaxationszeit von 8 auf 9 ms. Eine Erhöhung der Zugabe von Zinn(II)-chlorid auf etwa die dreifache Menge im Vergleich zu den Eisen(III)-Ionen führt ebenfalls noch nicht zu der gewünschten Reduktion. Erst die Zugabe von Zinn(II)-chlorid im Überschuss (hier über das 10-fache) führt zu einer deutlichen Erniedrigung der T_2-Relaxationszeit und damit auch zu einem Absinken der gelösten Eisen(III)-Konzentration.

Tabelle 6.4: Reduktion von Fe^{3+}- zu Fe^{2+}-Ionen mit Zinn(II)-chlorid.

Fe^{3+} zu Beginn (eingestellt) mg/l	SnCl$_2$ mg/l	T_2 ms	Fe^{3+} am Ende (berechnet) mg/l
782	0	8	660
782	451	9	628
782	2.256	9	590
782	11.282	217	21
89	1.128	852	2

Zur detaillierteren Betrachtung des Prozesses der Fe^{3+}-Reduktion wurde eine knapp 90 mg/l konzentrierte Eisen(III)-Lösung hergestellt und Zinn(II)-chlorid im Überschuss zugegeben (vgl. letzte Zeile in Tab 6.4). Die Redoxreaktion wurde zeitlich aufgelöst über knapp anderthalb Stunden beobachtet. Es wurden die T_2-Relaxationszeiten gemessen und die zugehörigen Eisen(III)-Konzentrationen errechnet. In Abbildung 6.5 ist die Abnahme der Eisen(III)-

Konzentration auf 2 mg/l dargestellt. Die Reduktion der Fe^{3+}-Ionen erfolgt weitestgehend in der ersten halben Stunde und nähert sich dann dem Gleichgewichtswert an. Zinn(II)-chlorid ist das erste Reduktionsmittel mit dem die Reduktion fast vollständig abläuft. Es ist ebenfalls anzumerken, dass diese Reduktion sehr schnell verläuft im Vergleich zu den anderen verwendeten Reduktionsmitteln.

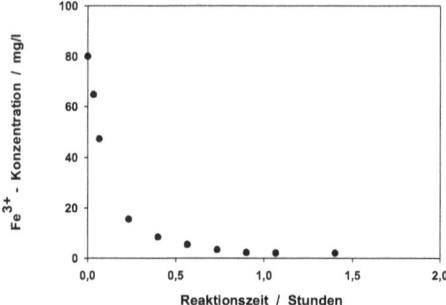

Abb. 6.5: Abnahme der Eisen(III)-Konzentration in Lösung mit der Reaktionszeit durch Reduktion der Eisen(III)- zu Eisen(II)-Ionen nach der Zugabe von Zinn(II)-chlorid.

Modellierung

Die Modellierung erfolgte als "flow and reactive transport simulation"-Experiment mit Berücksichtigung der Diffusion. Für die Modellierung der Reduktion durch Zinn(II)-chlorid wurde ein hypothetisches Mineral "SN" in der Datenbank generiert, dass aufgelöst wird und dabei Fe^{3+} verbraucht und somit die Reduktion des Fe^{3+} zu Fe^{2+} simuliert. Der Modell-Diffusionskoeffizient wurde mit 6.8×10^{-9} m^2/s festgelegt. Die ausgeführte Datei mit dem besten Parametersatz ist im Anhang B angegeben.

Die Ergebnisse sind in Abbildung 6.6 dargestellt. Der ermittelte Wert für den Parameter K_eff des hypothetischen Minerals "SN" beträgt 6.8×10^{-8} mol m^{-3} bulk s^{-1}. Die modellierte Kurve beschreibt den Abfall in der Eisen(III)-Konzentration nach der Zugabe des Zinn(II)-chlorids sehr gut. Sowohl der sehr schnelle Abfall der Eisen(III)-Konzentration als auch der Endwert von wenigen mg/l werden sehr gut getroffen. Zusammenfassend kann festgestellt werden, dass das verwendete Modell die Reduktion der Eisen(III)-Ionen im Experiment als dominierenden Prozess bestätigt. Die Modellierung zeigt weiterhin, dass der Ausfall Eisen(III)-haltiger Mineralien im hier vorherrschenden sauren Milieu vernachlässigt werden kann.

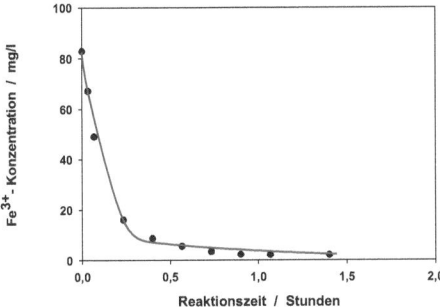

Abb. 6.6: Modellierung der Reduktion der Eisen(III)- zu Eisen(II)-Ionen in Wasser durch die Zugabe von Zinn(II)-chlorid.

6.4 Redoxreaktionen des Eisens in natürlichen Sanden

Nach der Untersuchung von Oxidation und Reduktion von Eisen in wässrigen Lösungen werden im Folgenden diese Reaktionen im System mit natürlichen Sanden betrachtet. Um die stattfindenden Prozesse detailliert beobachten zu können, wurden zeitlich und räumlich aufgelöste Messungen des Ausfallens und der Reduktion der Eisen(III)-Ionen vorgenommen.

Die Eisen(III)-Ionen wurden durch die Zugabe von Säure von den Oberflächen gelöst und sind bei den herrschenden pH-Werten zu Beginn der Experimente in Lösung. Die folgende Verringerung der Eisen(III)-Konzentration in Lösung wird einerseits durch Ausfall und andererseits durch Reduktion erzeugt. Die Zugabe einer Base (NaOH) führt zum Anstieg des pH-Wertes in der Porenlösung und somit zum Ausfallen der Ionen als Hydroxide. Für die Reduktion der Eisen(III)-Ionen in der Porenlösung wurden wie im vorigen Abschnitt Magnesiumspäne und Zinn(II)-chlorid verwendet. Beides wurde oben auf die wassergesättigten Sandproben gegeben (vgl. Abb. 6.1).

6.4.1 Ausfällung aus der Porenlösung - durch Zugabe einer Base

In diesem Abschnitt wird die Ausfällung der Eisen(III)-Ionen aus der Lösung nach der Zugabe einer Base (NaOH) betrachtet. Die Probe entstammt der Fraktion S3 (200-500 μm). Es wurde Salzsäure zugegeben, damit die Eisen(III)-Ionen in Lösung gehen (vgl. Abschnitt 5.4). Anschließend wurden 23,5 μl NaOH zu den wassergesättigten Sanden gegeben und die T_2-Relaxationszeit über einen halben Tag lang gemessen, deren Verlauf aufgezeichnet und in Eisen(III)-Konzentrationen umgerechnet. In Abbildung 6.7 sind die Ergebnisse dargestellt. Die Zugabe der Base führt zu einer Verringerung der Eisen(III)-Konzentration in der Porenlösung durch den Anstieg des pH-Wertes. Der rasche Abfall in der Eisen(III)-Konzentration zu Beginn verdeutlicht die Schnelligkeit der Reaktion. Schon nach 3 Stunden ist der Endwert fast erreicht. Es ist ersichtlich, dass die zugegebene Menge nicht ausreichte, um alle Eisen(III)-Ionen auszufällen. Es stellt sich ein Gleichgewicht bei etwa 100 mg/l Eisen(III)-Ionen ein.

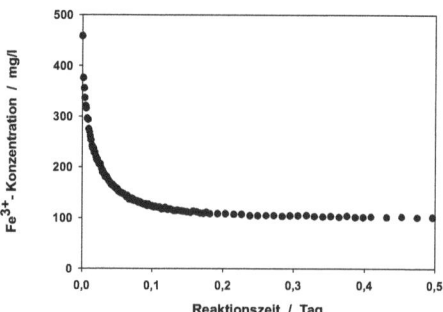

Abb. 6.7: Aus der NMR-Relaxationszeit berechnete Abnahme der Eisen(III)-Konzentration in der Porenlösung eines Sandes der Fraktion S3 nach Zugabe einer Base, zeitlich aufgelöst während der ersten 12 Stunden betrachtet.

6.4.2 Reduktion in Sanden - durch Zugabe von Magnesiumspänen

Auf eine Sandprobe (S3), in deren Porenlösung Eisen(III)-Ionen vorliegen (ca. 200 mg/l), wurden ca. 20 Magnesiumspäne von oben aufgebracht, die zu einer Reduktion der gelösten Eisen(III)-Ionen führen (vgl. Abschnitt 6.3.2). Die Reaktion wurde über fast 27 Stunden beobachtet. Etwa alle 20 Minuten wurde die t'-Zeit von 500 ms gemessen (vgl. Abschnitt 5.4.3), dies ergab 70 Zeitschritte. Um den Kontakt der Späne an die Porenlösung zu gewährleisten, wurde etwas Wasser im Überschuss zugegeben. Dieses freie Wasser oberhalb der eigentlichen Sandprobe verfälscht jedoch die Messungen der T_1-Relaxationszeit im obersten Millimeter stark, da sich die Signale überlagern. Um diesen Einfluss zu vermeiden wurden die obersten Messpunkte bei der Darstellung und Auswertung der Ergebnisse nicht berücksichtigt (vgl. Abschnitt 5.4.3).

In Abbildung 6.8 sind die Ergebnisse dargestellt. Im Sinne der Übersichtlichkeit wurden nicht alle gemessenen Zeitschritte dargestellt. Für die ersten neun Stunden sind die Messungen in kürzeren Abständen eingezeichnet, danach noch drei ausgewählte Zeitschritte. Zum Vergleich eingefügt ist die Kurve für den wassergesättigten Sand zu Beginn des Experiments (blaue Linie).

Nach der Zugabe der Magnesiumspäne sinkt die Eisen(III)-Konzentration im oberen Ende der Probe (links in Abb. 6.8) sofort deutlich ab. In den ersten 20 Minuten der Reaktion werden bereits Konzentrationen von wenigen 10er mg/l Eisen(III) in Lösung erreicht, wie sie auch am Ende der Reaktion nach fast 30 Stunden vorhanden sind. Auch das Ende des Probenröhrchens (rechts in Abb. 6.8) ist nach etwa 1,5 Stunden erreicht, und die Eisen(III)-Konzentration nimmt ab. In jedem folgenden Zeitschritt reduziert sich die Eisen(III)-Konzentration über das gesamte Probenvolumen. Am Ende, nach 27 Stunden, ist die Reduktion der Eisen(III)-Ionen innerhalb der Probe fast vollständig abgelaufen, es liegt ein Gleichgewicht vor. Die Endkonzentration liegt bei 7 mg/l Eisen(III). Dies bedeutet, dass fast alles gelöste Fe^{3+} in Fe^{2+} umgesetzt worden ist. Der Wert für den wassergesättigten Sand (blaue Linie) wird jedoch

6.4. REDOXREAKTIONEN DES EISENS IN NATÜRLICHEN SANDEN

nicht ganz erreicht. Nach 3 Wochen wurde die Probe noch einmal vermessen. Dabei konnte keine Veränderung im Profil der Eisen(III)-Konzentration festgestellt werden (nicht gezeigt). Dies ist ein Zeichen dafür, dass der Reduktionsprozess bereits nach 30 Stunden abgeschlossen war.

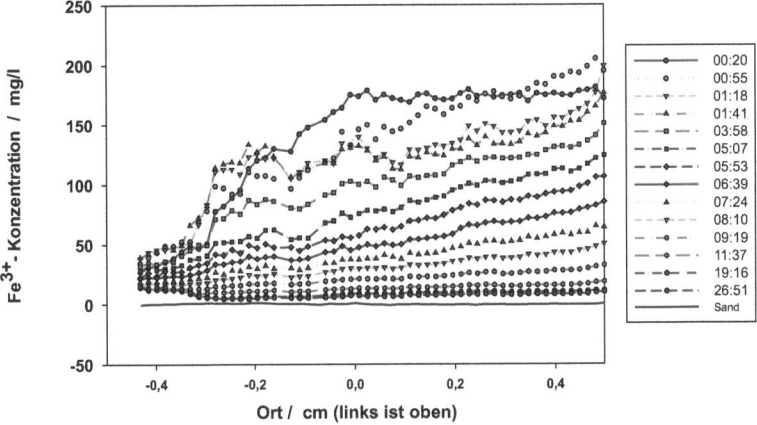

Abb. 6.8: Räumliche Entwicklung der berechneten gelösten Eisen(III)-Konzentration im Sand S3 nach der Zugabe von Magnesiumspänen (links ist oben).

6.4.3 Reduktion in Sanden - durch Zugabe von Zinn(II)-chlorid

Als weiteres Reduktionsmittel wurde wie bereits im Abschnitt 6.3.4 Zinn(II)-chlorid verwendet. Es zeichnete sich dadurch aus, dass es in der Lage war, die Eisen(III)-Konzentration fast komplett in Eisen(II)-Ionen umzusetzen. Es wurde somit hier bei einer Probe eingesetzt, die einen deutlich geringeren Startwert in der Eisen(III)-Konzentration (etwa 30 mg/l) besitzt, im Vergleich zum oben beschrieben Fall der Reduktion mit Magnesium (knapp 200 mg/l). Im ersten Schritt führt die Zugabe einer Säure (H_2SO_4) wieder zur Auflösung der Eisen(III)-Minerale. Die in Lösung gegangenen Eisen(III)-Ionen werden im zweiten Schritt durch die Zugabe von Zinn(II)-chlorid reduziert. Das Zinn(II)-chlorid wurde im Überschuss als Pulver oben auf die Proben gegeben. Wiederum wurde ein kleiner Wasserüberstand für den besseren Kontakt mit der Porenlösung genutzt. Beobachtet wurde die Reduktion mit räumlicher Auflösung für die ersten 12 Stunden (eine Messung dauert 15 Minuten). Nach 8 Tagen wurde die Probe ein weiteres mal vermessen, da die Reduktion mit Zinn(II)-chlorid über längere Zeiträume andauern kann.

Die Ergebnisse der Messungen sind in Abbildung 6.9 zu sehen. Die schwarze Linie stellt die wassergesättigten Sande dar, dementsprechend die Ausgangssituation vor der Säurezugabe, bei der alle Eisen(III)-Ionen auf den Sandoberflächen mineralisch gebunden sind. Die dunkelblaue Linie verdeutlicht die Eisen(III)-Konzentration nach Zugabe der Säure auf die Probe, somit die maximal gelöste Konzentration zum Zeitpunkt $t=0$. In Abbildung 6.9 ist links das obere Ende der Probe, also der Ort wo das Zinn(II)-chlorid-Pulver zugegeben wurde. Dort ist ein sofortiger, starker Abfall in der Eisen(III)-Konzentration auf 0 mg/l erkennbar. Auch der weitere Verlauf der Eisen(III)-Konzentration innerhalb der Probe für die erste Messung nach 36 Minuten zeigt eine Verringerung der Konzentration in fast der gesamten Probe. Lediglich am untersten Punkt im Probenröhrchen ist noch die Ausgangskonzentration an Eisen(III)-Ionen in Lösung vorhanden. Über die nächsten beiden Stunden verringert sich die Eisen(III)-Konzentration nicht mehr so stark wie beim ersten Zeitschritt. Der Boden des Probenröhrchens wird erreicht, so dass dort ebenfalls Eisen(III)-Ionen reduziert werden. Nach 12 Stunden zeigt das Profil ein Fortschreiten der Abnahme im unteren Teil der Sandprobe. Die Messung nach 8 Tagen zeigt, dass es über diesen Zeitraum nun einen Konzentrationsausgleich über den gesamten Probenraum gegeben hat. Die Endkonzentration liegt bei etwa 4 mg/l, somit etwas über dem Ausgangswert vor Säurezugabe.

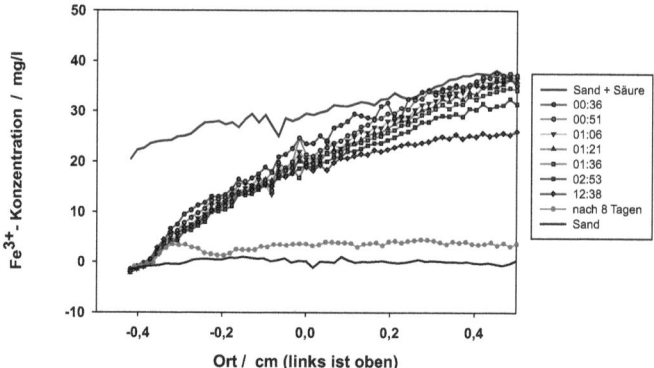

Abb. 6.9: Räumliche Entwicklung der berechneten gelösten Eisen(III)-Konzentration im Sand S3 nach der Zugabe von Zinn(II)-chlorid (links ist oben).

6.5 Zusammenfassung

In diesem Abschnitt wurden Redoxreaktionen des Eisens in wässriger Lösung und in wassergesättigten Sanden untersucht. Dies wird möglich, da Eisen(III)-Ionen einen sehr deutlichen Einfluss auf die NMR-Relaxationszeiten haben, während Eisen(II)-Ionen einen geringen Einfluss auf die Relaxationszeiten besitzen (vgl. Kapitel 4). Durchgeführt wurden Experimente, die eine Oxidation beziehungsweise eine Reduktion des Eisenions herbeiführen. Durch die Messung der beiden Relaxationszeiten wurden diese Prozesse untersucht, sowie zeitlich und räumlich aufgelöst beobachtet. Zum Teil fand im Anschluss an die Messungen eine Modellierung mit MIN3P statt.

Die Untersuchungen haben gezeigt, dass es möglich ist, Oxidations- und Reduktionsprozesse von Eisen(II)- und Eisen(III)-Ionen in Lösung und in natürlichen Sanden durch Messen der T_1- und T_2-Relaxationszeiten zu verfolgen. Der Anstieg der Eisen(III)-Konzentration in der Lösung beziehungsweise Porenlösung durch Oxidation und die Abnahme der gelösten Eisen(III)-Konzentration aufgrund von Reduktion und Ausfall können durch Messen der Relaxationszeiten zeitlich und räumlich detailliert beobachtet werden. Die Verwendung mehrerer verschiedener Reduktionsmittel (Magnesiumspäne, Oxalsäure, Zinn(II)chlorid) und unterschiedlicher pH-Bereiche erlaubte die Betrachtung der Reduktion im Zusammenspiel mit anderen Prozessen. Die Modellierung half die einzelnen Prozesse voneinander zu trennen.

Es konnte anhand der Oxidation mit Wasserstoffperoxid und der Reduktion durch Magnesiumspäne in Lösung noch einmal deutlich gemacht werden, wie wichtig der pH-Wert in einem eisenhaltigen System ist. Bei pH-Werten deutlich < 3 verbleiben die Eisen(III)-Ionen in Lösung. Bei pH-Werten > 3 fällt ein Großteil der Eisen(III)-Ionen aus der Lösung aus, die Reduktion spielt dann nur noch eine untergeordnete Rolle. Geht es um die gezielte Betrachtung von Oxidations- und Reduktionsprozessen des Eisens muss daher ein sehr niedriger pH-Wert eingestellt werden. Eine Berechnung der Eisen(III)-Umsetzung durch Oxidation oder Reduktion aus Relaxationszeitmessungen ist bei höheren pH-Werten nicht möglich. Für die Experimente mit Oxalsäure gibt es eine Besonderheit zu beachten. Es finden zwei verschiedene Prozesse zur Verminderung der Eisen(III)-Konzentration in Lösung statt: (1) der Einbau der Eisen(III)-Ionen in einen Oxalat-Komplex und (2) die eigentliche Reduktion der Eisen(III)- zu Eisen(II)-Ionen durch eine photolytische Reaktion. Die Komplexierung scheint nur bei geringen Ausgangskonzentrationen von Eisen(III)-Ionen gut zu funktionieren. Zinn(II)-chlorid ist das einzige getestete Reduktionsmittel, bei dem eine Endkonzentration der Eisen(III)-Ionen in Lösung von fast 0 mg/l erreicht wird, d.h. der Reduktionsprozess fast vollständig abläuft und fast alles Eisen(III) umgesetzt wird. Ein weiterer Vorteil von Zinn(II)-chlorid ist die Schnelligkeit der Reduktion.

Aus den gemessenen Relaxationszeiten kann auch im porösen Medium auf die Eisen(III)-Konzentrationen unter Berücksichtigung der Oberflächenrelaxation geschlossen werden (vgl. Abschnitt 5.3.2). Dies gilt natürlich auch während des Ablaufs von Prozessen, die die Eisen(III)-Konzentration in der Lösung verändern. Die Reduktion der gelösten Eisen(III)-Ionen konnte anhand der ansteigenden T_1-Relaxationszeiten räumlich detailliert betrachtet werden. Es ist möglich in einzelnen Zeitschritten die Eisen(III)-Konzentration über den gesamten Zentimeter der Probe in kleinen Schritten aufzulösen. Für die Untersuchung der Redoxreaktionen in den wassergesättigten Sanden wurden die beiden Reduktionsmittel (Magnesiumspäne, Zinn(II)chlorid) in festen Zuständen stationär oben auf die Proben aufgelegt, um einerseits die Reduktion und andererseits Diffusionsprozesse untersuchen zu können. Die Untersuchungen zeigen, dass die Reaktion zu Beginn sehr schnell abläuft. Schon bei der ersten Messung nach Zugabe der Reduktionsmittel auf den oberen Teil der Probe sind dort die Eisen(III)-Konzentrationen (fast) auf das Endniveau abgesunken. Das Ende des Probenröhrchens ist noch nicht erreicht, dort herrschen die Eisen(III)-Konzentrationen wie nach der Zugabe der Säure. Dies zeigt, dass die Diffusion in diesem Fall der behindernde Prozess ist. Die Reduktion erfolgt fast instantan, ist aber durch die Diffusion aller beteiligten Ionen in beide Richtungen eindeutig limitiert. Am Ende der beiden Reaktionen wird eine Konzentration von wenigen mg/l Eisen(III) über das gesamte Probenvolumen erreicht. Dies bedeutet, dass mehr als 90% des gelösten Fe^{3+} in Fe^{2+}

umgesetzt worden ist.

Die Modellierung diente dazu, die Interpretation der Messergebnisse zu stärken: Der Verlauf der modellierten Kurven der verwendeten Modellansätze beschreibt die Messdaten sehr gut. Somit wird die Interpretation der ablaufenden und daher im Modell berücksichtigten Prozesse bestätigt. Im Fall der Reduktion mit Magnesiumspänen wurden die beiden verschiedenen pH-Regime auf unterschiedliche Weise in der Modellierung realisiert. Das Experiment bei einem pH-Wert von drei bis vier wurde als Ausfall eines Eisen(III)-haltigen Minerals modelliert. Die Daten wurden sehr gut angepasst und bestätigen damit, dass die Abnahme der gelösten Eisen(III)-Konzentration fast ausschließlich auf die Ausfällung zurückzuführen ist. Die angesäuerte Lösung mit einem deutlich niedrigeren pH-Wert von eins bis zwei dagegen wurde als eine einfache Reduktion modelliert. Auch hier wurden die Messdaten sehr gut durch das Modell beschrieben. Ebenso konnte am Beispiel von Zinn(II)-chlorid gezeigt werden, dass es sich im sauren Milieu dominant um eine Reduktion der Eisen(III)-Ionen handelt und weitere Prozesse, wie beispielsweise das Ausfallen Eisen(III)-haltiger Mineralien, vernachlässigbar sind.

Kapitel 7

Mikroorganismen

7.1 Motivation

Mikroorganismen (z.B. Bakterien, Pilze), die sich an einer Grenzfläche angesiedelt haben und in eine Matrix aus extrazellulären polymeren Substanzen (EPS) eingebettet sind, werden als Biofilme bezeichnet. In porösen Medien wachsen Biofilme auf den Oberflächen der Matrix auf, besetzen somit den Porenraum und blockieren die Strömung durch Porenhälse. Dadurch kann es zu Veränderungen in den hydraulischen Eigenschaften des porösen Mediums kommen (Cunningham et al., 1991). Dies und die Fähigkeit der Organismen innerhalb der Biofilme durch ihr Zusammenwirken auch schwer abbaubare Stoffe umzusetzen, sind die Grundlage dafür, dass Biofilme eine zentrale Rolle in Selbstreinigungsprozessen spielen. Das Anwendungsspektrum von Biofilmen reicht vom Einsatz in der Abwasserreinigung mit Biofilm-Reaktoren über Bodensanierung bis zur mikrobiellen Laugung von Erzen.

Biofilme beinhalten etwa 75% Wasser. Die Wassermoleküle innerhalb der extrazellulären polymeren Substanzen (EPS) von Biofilmen und innerhalb der Zellansammlungen selbst besitzen eine eingeschränkte Mobilität. Somit verringern sich die longitudinale und die transverale Relaxationszeit bei Anwesenheit von Biomasse (vgl. Abschnitt 3.4.2). Hoskins et al. (1999) beschreiben für die T_1-Relaxationszeit Bereiche zwischen 300 ms und 2200 ms, und für die T_2-Zeit Bereiche zwischen 70 ms und 110 ms. Manz et al. (2003) haben für Biofilme T_2-Zeiten zwischen 100 ms und 300 ms gemessen. Ferner wurden Biofilme bereits mit Hilfe bildgebender Verfahren (MRI) untersucht. Im Fokus standen dabei Wasserdiffusion in Biofilmen (Wieland et al., 2001; Renslow et al., 2010), Strömungsdynamiken an Biofilmoberflächen (Manz et al., 2003; Seymour et al., 2004a), Verbrauch und Produktion von Metaboliten (McLean et al., 2008), Transport von Schwermetallen in Bioreaktoren (Nott et al., 2001; von der Schulenburg et al., 2008) und Transport und Verhalten von Metallen in Biofilmen (Bartacek et al., 2009), zum Teil unter Verwendung paramagnetischer Komplexe (Phoenix und Holmes, 2008; Ramanan et al., 2010).

In dieser Arbeit steht die Anwendung der NMR-Relaxometrie und Diffusometrie im Vordergrund. Es sollen Relaxationszeitverteilungen analysiert und damit Aussagen über den Unterschied zwischen freiem Wasser im Medium und eingeschränktem Wasser in der Biomasse getroffen werden. Dazu werden zu Beginn einfach zu kultivierende Bakterien (*Lactobacillus*

& *Penicillium*) und später *Geobacter metallireducens* verwendet. Mit Hilfe von *Geobacter metallireducens*, der zu den Eisen(III)-reduzierenden Bakterien gehört, soll untersucht werden, ob es möglich ist, den Eisen(III)-Umsatz dieser Mikroben zu messen. Auch die Anwendung von Diffusionsmessungen zur Unterscheidung der Wasserphase in den Bakterien von der freien Wasserphase im Medium soll untersucht werden. Weiterhin sind dabei die Zusammensetzung der Nährmedien und eventuelle Effekte auf die Diffusion zu beachten. Auch der Einfluss von Mikroorganismen auf die Wassermobilität soll betrachtet werden.

7.2 Probenmaterial und Vorgehensweise

7.2.1 Verwendete Materialien

Nährmedien und Mikroorganismen

Das LB-Medium ist ein komplexes Nährmedium zur Kultivierung von Bakterien und wurde für *Lactobacillus* und *Penicillium* verwendet. Es besteht aus den folgenden Inhaltsstoffen: Hefeextrakt (5 g/l), Trypton (10 g/l) und Natriumchlorid (0,5-10 g/l). Das Medium für *Geobacter metallireducens* ist ein FWA-Fe(III)-Citrat Medium nach Lovley und Phillips (1988). Dieses Medium enthält 60 mM Fe(III)-Citrat. Eine Konzentrationsreihe wurde durch das Ansetzen des Mediums zu 100%, 50% und 20% und Mischungen dieser Konzentrationen aufgestellt. *Lactobacillus* wurde aus einem handelsüblichen probiotischen Joghurt und *Penicillium* aus einem Schimmelkäse gewonnen. Beide Bakterien wurden in LB-Medium (Nährmedium) bei 35°C angezüchtet. *Geobacter metallireducens* wurde im Department Umweltmikrobiologie des Helmholtz-Zentrums für Umweltforschung GmbH - UFZ angezüchtet.

Quarzton

Der verwendete Quarz der Tonfraktion (< 2 μm) stammt von der Firma Quarzwerke Frechen. Die Frechener Quarzsande entstanden im frühen Miozän. Der mittels Aufstromklassierung aufbereitete Quarzsand wird in einem weiteren Schritt zu den Quarzmehlen verarbeitet.

7.2.2 Durchführung und Auswertung der Messungen

Relaxationszeitmessungen

Die Relaxationszeitmessungen wurden am Spektrometer FEGRIS NT bei einer Protonen-Resonanzfrequenz von 125 MHz durchgeführt (vgl. Abschnitt 2.8). Die Proben hatten einen Außendurchmesser von 7,5 mm. Für die Messungen der transversalen Relaxationszeit T_2 wurde die CPMG Pulssequenz verwendet (vgl. Abschnitt 2.6.2). Alle Messungen der Mikroorganismen fanden bei einer Temperatur von 35°C statt. Die Berechnung der Verteilungen der transversalen Relaxationszeiten erfolgte mit dem Programm RI WinDXP durch inverse Laplace-Transformation (ILT). Für die monoexponentielle Relaxation freier Flüssigkeiten liefert dieses Programm in der Regel eine monomodale, sehr schmale T_2-Verteilung.

Diffusionsmessungen

Für die Diffusionsmessungen wurde die 13-Intervall-Impulssequenz (vgl. Abschnitt 2.6.4) am Spektrometer FEGRIS NT bei 125 MHz Protonen-Resonanzfrequenz verwendet. Für jede

7.2. PROBENMATERIAL UND VORGEHENSWEISE

Probe erfolgte die Aufzeichnung der Spinechodämpfungskurven bei bis zu 12 verschiedenen Beobachtungszeiten (Δ = 20, 40, 80, 160, 240, 320, 480, 640, 820, 1000, 1200, 1600 ms) und schrittweiser Vergrößerung der Intensität der Feldgradienten (G_{max} = 3 T/m). Aus den Spinechodämpfungskurven erfolgte die Berechnung der Zeitabhängigkeit der Diffusionskoeffzienten des Porenfluids mit Hilfe der Gleichungen 2.24 und 2.25. Die Zeitabhängigkeit der mittleren quadratischen Verschiebungen $\langle \vec{r}^2(t) \rangle$ wurde aus Gleichung 2.17 bestimmt. Die Diffusionsmessungen mit *Geobacter metallireducens* fanden bei einer Temperatur von 35°C statt.

Für die Messungen mit *Geobacter metallireducens* wurde extra ein Probenröhrchen angefertig, um den speziellen Anzucht- und Transport-Bedingungen dieser Bakterien gerecht zu werden. Dieses Röhrchen ist in Abbildung 7.1 skizziert. *Geobacter metallireducens* wurde am Helmholtz-Zentrum für Umweltforschung GmbH - UFZ in einer anaeroben Umgebung angezüchtet und musste auch in dieser Umgebung in das NMR-Probenröhrchen umgefüllt werden, um einen Zutritt von Sauerstoff in die Probe zu verhindern. Dazu war es erforderlich, ein übliches NMR-Röhrchen mit einem Außendurchmesser von 7,5 mm so zu verlängern und nach oben hin zu erweitern, dass ein 2 cm Abschluss vorhanden war. Dies ist notwenig, um es unter der Stickstoffatmosphäre des Mikrobiologie-Labors mit den handelsüblichen Laborgeräten luftdicht verschliessen zu können. Um den weiteren Transport und die Einführung in den Probenhalter des FEGRIS NT an der Universität Leipzig zu erleichtern, wurde zusätzliche eine Verjüngung in der Mitte des Probenröhrchen integriert. Diese ermöglicht das Abschmelzen des oberen Teils. Somit konnte ferner der obere Teil des Röhrchens mit dem 2 cm-Verschluss wieder verwendet werden. Es stellte sich jedoch während der Messungen heraus, dass das Abschmelzen des Röhrchens nicht immer ohne Sauerstoffzutritt zur Probe möglich war.

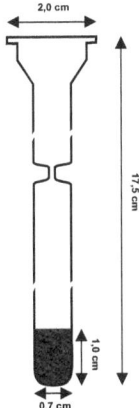

Abb. 7.1: Skizze des kombinierten Probenröhrchens für die Messung von *Geobacter metallireducens* am FEGRIS NT: Der untere Teil besteht aus einem üblichen NMR-Röhrchen mit einem Außendurchmesser von 7,5 mm, der obere Teil besitzt einen Abschluss von 2 cm Durchmesser. Die Verjüngung in der Mitte dient zum Abschmelzen und somit Teilen des Probenröhrchens.

7.3 Relaxationsmessungen

Es wurden Vorversuche mit zwei allgegenwärtigen Bakterienkulturen durchgeführt: *Penicillium* (Schimmelkäse) und *Lactobacillus* (probiotisches Bakterium). Beide Bakterien wurden in LB-Medium (Nährmedium) bei 35°C angezüchtet. Die T_2-Relaxationszeitverteilungen für die beiden Bakterien und das LB-Medium sind in Abbildung 7.2 dargestellt. Bei allen drei Proben liegen monomodale Verteilungen vor. Die T_2-Relaxationszeit für die beiden Bakterien sind im Vergleich zum Medium deutlich verkürzt. Diese Verkürzung ist begründet in der eingeschränkten Mobilität der Protonen innerhalb der Biomasse.

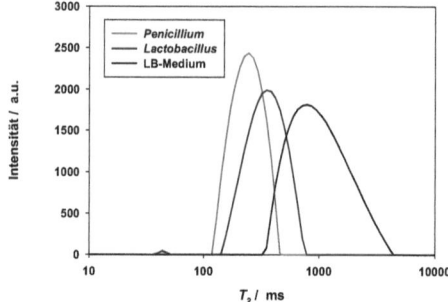

Abb. 7.2: Verteilungen der transversalen Relaxationszeit T_2 für das LB-Medium und die beiden Bakterienkulturen *Lactobacillus* und *Penicillium*.

Das Fe(III)-Citrat-Medium, welches für die Anzucht von *Geobacter metallireducens* verwendet wird, besitzt eine T_2-Relaxationszeit von 13 ms. Diese Verkürzung der Relaxation im Vergleich zu freiem Wasser oder dem LB-Medium ist auf die Eisen(III)-Konzentration zurückzuführen, die im Medium vorliegt (vgl. Abschnitt 7.2.1).
Geobacter metallireducens benutzt bei seiner Atmung Eisen(III)-Ionen als Elektronenakzeptoren und reduziert diese zu Eisen(II)-Ionen (vgl. Abschnitt 3.4.3). Somit verringert sein Wachstum die Konzentration an Eisen(III)-Ionen im Medium. Eine Verminderung der Eisen(III)-Konzentration im Fe(III)-Citrat-Medium führt zu einer Erhöhung der Relaxationszeiten. Dies kann in Abbildung 7.3 beobachtet werden. Dargestellt ist eine Probe, die zu Beginn mit *Geobacter metallireducens* geimpft und anschließend die T_2-Relaxationszeit über zwei Tage gemessen wurde. Der Verlauf in den ersten 12 Stunden ist durch einen Anstieg in der T_2-Relaxationszeit von 13 ms (Fe(III)-Citrat-Medium, 60 mM) auf etwa 25 ms gekennzeichnet. In der folgenden Zeit steigt die Relaxationszeit weiter an und erreicht etwa 25 Stunden nach der Impfung ein Plateau bei etwa 75 ms. Der Anstieg in der Relaxationszeit wird als Reduktion des vorhandenen Eisen(III)-Citrats im Medium durch *Geobacter metallireducens* interpretiert. Messungen verschiedener Konzentrationen des Fe(III)-Citrat-Mediums ergaben eine lineare Abhängigkeit der transversalen Relaxationsrate ($1/T_2^b$) von der Fe(III)-Citrat-Konzentration

7.3. RELAXATIONSMESSUNGEN

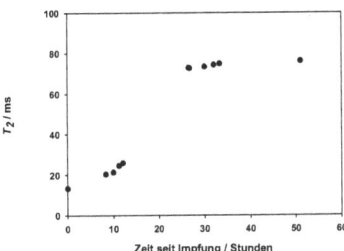

Abb. 7.3: T_2-Relaxationszeit in Abhängigkeit von der Zeit seit der Impfung des Fe(III)-Citrat-Mediums mit *Geobacter metallireducens*.

des Mediums. Die Ergebnisse sind in Abbildung 7.4 links dargestellt. Aus der Gleichung

$$\frac{1}{T_2} = \frac{1}{T_2^b} + R_2 \cdot c. \tag{2.13}$$

lassen sich die transversale Relaxationsrate von Fe(III)-Citrat-freiem Medium $1/T_2^b(0)$ als 0,0005 ± 0,0024 1/s und die Relaxivität R_2 als 0,0013 ± 0,0001 l/s·mg bestimmen. Aus dieser Anpassung können im Folgenden Aussagen getroffen werden, wieviel Fe(III)-Citrat *Geobacter metallireducens* im Medium umsetzt. Die in Abbildung 7.3 gemessenen Relaxationszeiten wurden unter Verwendung von Gleichung 2.13 in Fe(III)-Citrat-Konzentrationen im Medium umgerechnet und in Abbildung 7.4 rechts aufgetragen. Für die Messungen acht bis 12 Stunden nach der Impfung beträgt die abgeleitete Fe(III)-Citrat-Konzentration im Medium 37 mM bis 30 mM, 25 bis 50 Stunden nach der Impfung liegt die Konzentration bei nur noch 10 mM Fe(III)-Citrat. Folglich sind etwa 12 Stunden nach der Impfung mit *Geobacter metallireducens* noch 50% des Fe(III)-Citrats im Medium vorhanden, nach etwa 25 Stunden sind es weniger als 20%. Diese Abnahme wird auf die Reduktion von Eisen(III)-Citrat während der Atmung von *Geobacter metallireducens* zurückgeführt.

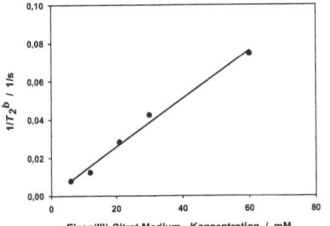 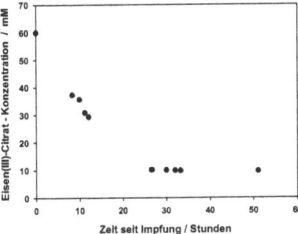

Abb. 7.4: Links: Abhängigkeit der transversalen Relaxationsrate $1/T_2^b$ von der Fe(III)-Citrat - Konzentration im Medium; Rechts: Aus dieser Abhängigkeit berechnete Fe(III)-Citrat - Konzentrationen über die Zeit seit der Impfung aus Abbildung 7.3.

Versuche das Aufwachsen der Bakterien von *Geobacter metallireducens* mit Hilfe von bimodalen Verteilungen in den T_1- und T_2-Relaxationszeiten zu untersuchen, scheiterten in der vorliegenden Arbeit, da die gemessenen Signalanteile für die aufgewachsenen Zellen nicht groß genug waren.

7.4 Diffusionsmessungen

Mit Hilfe von NMR-Diffusionsuntersuchungen (PFG NMR) können sowohl Diffusionskoeffizienten und Verschiebungen von Molekülen bestimmt als auch der Porenraum an sich charakterisiert werden. Beispielsweise kann aus Messungen der Zeitabhängigkeit des Diffusionskoeffizienten die Tortuosität von porösen Materialien bestimmt werden.
Untersuchungen der Diffusion in Biofilmen haben unter anderem Beuling et al. (1998) und Vogt et al. (2000) durchgeführt (vgl. Abschnitt 3.4.2). Beide beschreiben, dass die Diffusionskoeffizienten der Biomasse in einem Medium etwa 85% vom Wert des freien Wassers beträgt. PFG NMR erlaubt weiterhin die Unterdrückung des Signals des freien Wassers und somit die Untersuchung der einzelnen Biofilm-Komponenten. Beuling et al. (1998) konnten bei ihren Messungen zwei verschiedene Phasen unterscheiden, Vogt et al. (2000) sogar fünf, wobei die Signale von Wasser und Glycerin (z.T. in der EPS) hervortraten.

Selbstdiffusion in Lösungen und einem Gel

Der Selbstdiffusionskoeffizient von Wasser wurde in Abhängigkeit von der Temperatur betrachtet. Die Ergebnisse sind in Tabelle 7.1 aufgelistet. Mit steigender Temperatur steigt auch der Diffusionskoeffizient von Wasser an. Beuling et al. (1998) haben gezeigt, dass diese Temperaturabhängigkeit der Einstein-Stokes-Gleichung genügt. Die Diffusionskoeffizienten sind demzufolge proportional zum Verhältnis von Temperatur T und Viskosität η. Holz et al. (2000) geben den Selbstdiffusionskoeffizienten von Wasser bei 35°C mit 2,89 x 10^{-9} m^2/s an. Der deutliche Unterschied zu dem in dieser Arbeit gemessenen Wert von 3,29 x 10^{-9} m^2/s weist darauf hin, dass in dieser Probe Konvektion aufgetreten ist. Diese Konvektion ist eine Folge von Temperaturgradienten innerhalb der Probe, hervorgerufen durch die Temperierung mittels Luftstrom am FEGRIS NT.

Tabelle 7.1: Diffusionskoeffizienten D_0 von Wasser in Abhängigkeit von der Temperatur.

Temperatur °C	D_0 m^2/s
20	1,87 x 10^{-9}
25	2,26 x 10^{-9}
35	3,29 x 10^{-9}

Der Einfluss von anwesenden Ionen auf den Selbstdiffusionskoeffizienten von Wasser wurde untersucht an verschiedenen Lösungen (LB-Medium, Fe(III)-Citrat-Medium, eisenhaltige Lösungen) und an einem Gel (Agar). Tabelle 7.2 zeigt die Diffusionskoeffizienten und die normalisierten Diffusionskoeffizienten (D/D_0, D_0=2,3 x 10^{-9} m^2/s für Wasser bei 25°C) dieser

Messungen. Die Diffusionskoeffizienten für alle Proben sind ein wenig kleiner im Vergleich zur Diffusion im freien Wasser. Die Variation der Beobachtungszeit Δ im Bereich von 10 ms bis 640 ms hatte keinen Effekt auf die Diffusionskoeffizienten. Beuling et al. (1998) beschreiben eine Abhängigkeit der Diffusion der Wassermoleküle innerhalb der Agar-Matrix: Mit zunehmendem Polymer-Anteil im Agar nehmen die Diffusionskoeffizienten ab.

Die Diffusionskoeffizienten von Wasser in Eisen(II,III)-haltigen Lösungen (Eisen-Konzentration von je 80 mg/l) sind ebenfalls in Tabelle 7.2 aufgelistet. Bei den Messungen zeigte sich, dass die Diffusion in Eisen(II)-Lösungen geringer ist als in Eisen(III)-Lösungen. Dies ist zurückzuführen auf die unterschiedlichen Ionengrößen und damit auf die unterschiedlichen hydrodynamischen Radien der Ionen. Goldschmidt (1926) gibt den Radius von Eisen(III)-Ionen mit 0,77 Å und den von Eisen(II)-Ionen mit 1,04 Å an. Dies bedeutet, dass die größeren Eisen(II)-Ionen die Diffusion mehr beeinflussen als die kleineren Eisen(III)-Ionen.

Tabelle 7.2: Selbstdiffusionskoeffizienten und normalisierte Selbstdiffusionskoeffizienten der Wassermoleküle in verschiedenen Lösungen bei 25°C.

Lösung / Gel	D	D/D_0
	m^2/s	-
LB-Medium	$1{,}92 \times 10^{-9}$	0,83
Fe(III)-Citrat-Medium	$1{,}82 \times 10^{-9}$	0,79
Agar	$1{,}78 \times 10^{-9}$	0,77
Eisen(III)	$1{,}74 \times 10^{-9}$	0,76
Eisen(II)	$1{,}63 \times 10^{-9}$	0,71

Diffusion in *Geobacter metallireducens*

Der Einfluss von Mikroben auf die Wassermobilität wurde mit Hilfe von Selbstdiffusionsmessungen an Fe(III)-Citrat-Medium mit *Geobacter metallireducens* bei 35°C untersucht. Die normierten Diffusionskoeffzienten (D/D_0, mit $D_0 = 2{,}9 \times 10^{-9}$ m^2/s: Wasser bei 35°C) sind in Abbildung 7.5 in Abhängigkeit von der Beobachtungszeit Δ dargestellt. Die gemessenen Diffusionskoeffizienten von Wasser im *Geobacter metallireducens* liegen im Bereich von 70% bis 95% des Diffusionskoeffizienten von freiem Wasser bei 35°C. Im Gegensatz zu den vorher beschriebenen Lösungen und dem Agar-Gel gibt es bei Proben mit *Geobacter metallireducens* eine deutliche Veränderung der Diffusionskoeffizienten bei der Variation der Beobachtungzeit (vgl. Abb. 7.5). Für *Burkholderia cepacia* (früher: *Pseudomonas cepacia*) geben Potter et al. (1996) an, dass während der Beobachtunsgzeit Δ von 10 ms ein Wassermolekül ein Bakterium etwa 10-mal durchquert. Wird dieser Wert auch für *Geobacter metallireducens* angenommen, dürften in den durchgeführten Messungen die normierten Diffusionskoeffzienten D/D_0 nicht von der Beobachtungszeit Δ abhängen. Somit wird der Anstieg der Diffusionskoeffizienten mit zunehmender Beobachtungszeit in Abbildung 7.5 auf Konvektion innerhalb der Probe aufgrund von Temperaturunterschieden innerhalb der Probe bei 35°C zurückgeführt.

Das Auftreten der Konvektion innerhalb des Mediums bestätigt sich in Abbildung 7.6. In dieser Abbildung sind links die Spinechodämpfungskurven für das Medium mit *Geobacter metallireducens* bei einer Beobachtungszeit Δ von 20 ms dargestellt. Die Datenpunkte für reines

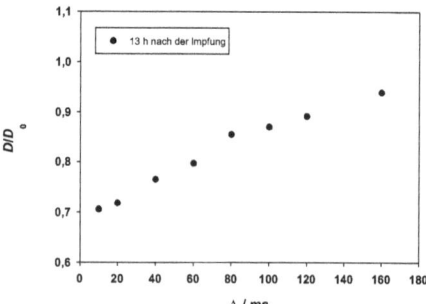

Abb. 7.5: Normierte Diffusionskoeffizienten von Wasser in Medium mit *Geobacter metallireducens* in Abhängigkeit von der Beobachtungszeit Δ.

Wasser und das Medium mit *Geobacter metallireducens* liegen übereinander auf der selben Linie. Es kann somit kein zweiter Diffusionskoeffizient für die Biomasse berechnet werden. Rechts ist die Zeitabhängigkeit der mittleren quadratischen Verschiebung $\langle \bar{r}^2(t) \rangle$ abgebildet. Es ist deutlich zu erkennen, dass die Datenpunkte zu keinem Zeitschritt auf der Tortuositätsgerade liegen. Dies ist ein Anzeichen für Konvektion innerhalb der Lösung.

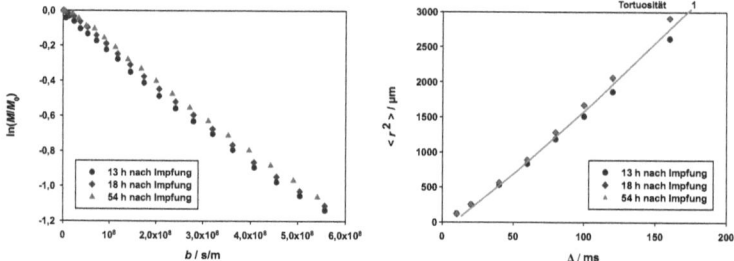

Abb. 7.6: links: PFG NMR-Signaldämpfungskurven für Medium mit *Geobacter metallireducens* an drei verschiedenen Zeitpunkten nach der Impfung ($\Delta=20$ ms); rechts: Darstellung der berechneten Zeitabhängigkeit der mittleren quadratischen Verschiebung. Die graue Linie entspricht dem erwarteten Verlauf der Zeitabhängigkeit für eine Tortuosität von 1.

Im Vergleich zu der Wirkung von Mikroorganismen auf die Wasserdiffusion soll im Folgenden die Diffusion in Quarztonen als Beispiel für poröse Medien betrachtet werden. Wird die Signaldämpfung M/M_0 für freies Wasser und Wasser im Quarzton dargestellt (vgl. Abb. 7.7), ergibt sich eine lineare Abhängigkeit vom b-Faktor (vgl. Abschnitt 2.6.4). Aus dieser linearen Abhängigkeit können die Diffusionskoeffizienten berechnet werden: Für freies Wasser beträgt er in diesem Beispiel bei 20°C $D = 1{,}87 \times 10^{-9}$ m²/s und für Wasser im Quarzton $D = 1{,}35 \times 10^{-9}$ m²/s. In Abbildung 7.7 rechts, der berechneten Zeitabhängigkeit der mittleren quadratischen Verschiebung, sind die Tortuositäten des Porenraums als Geraden eingefügt (graue Linien). Dargestellt sind eine Tortuositätsgerade von 1, auf der das freie Wasser liegt, und eine Tortuositätsgerade von 1,5, wie sie für Quarztone üblich ist. Die parallele Verschiebung der Datenpunkte von Quarzton gegenüber Wasser deuten auf eine Behinderung der Diffusion aufgrund der vorhandenen Matrixflächen innerhalb der Tonprobe hin.

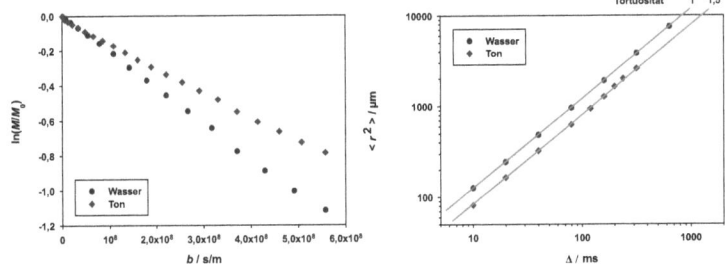

Abb. 7.7: links: PFG NMR-Signaldämpfungskurven für freies Wasser und Wasser in einem Ton für $\Delta=20$ ms, rechts: doppelt-logarithmische Darstellung der berechneten Zeitabhängigkeit der mittleren quadratischen Verschiebung für die beiden Proben. Die grauen Linien entsprechen dem erwarteten Verlauf der Zeitabhängigkeit für die angegebenen Tortuositäten von 1 & 1,5.

Eine derartige lineare Abhängigkeit der Signalintensität vom Gradienten, wie sie für Sande und den Quarzton über den gesamten Bereich der Gradientenintensität existiert und in Abbildung 7.7 links zu sehen ist, beschreiben Potter *et al.* (1996) für das intrazelluläre Wasser im Biofilm nicht. Aus dieser Abhängigkeit könnten unterschiedliche Diffusionskoeffizienten des freien Wassers und des in den Zellen der Mikroorganismen gebundenen Wasser berechnet werden. Potter *et al.* (1996) zeigen jedoch, dass bei einer genügend hohen Gradientenintensität das Signal des externen, freien Wassers unterdrückt werden kann, der Signalanteil der Bakteriensuspension hingegen bestehen bleibt. Gemäß der Theorie der Brown'schen Bewegung kann der Diffusionskoeffizient eines kugelförmigen Teilchens in einem Medium berechnet werden. Die Autoren schätzen auf diesem Weg den Diffusionskoeffizienten eines Bakteriums in Wasser auf $D = 4 \times 10^{-13}$ m²/s ab.

7.5 Zusammenfassung

Die Relaxationsuntersuchungen mit den einfach zu kultivierenden und transportierenden Bakterien *Lactobacillus* und *Penicillium* lieferten die erwarteten Ergebnisse: Die Anwesenheit der Biomasse führte zu einer Verkürzung der Relaxationszeiten, verursacht durch die verringerte Mobilität der Spins innerhalb der Biomasse. Leider war das Aufspalten der Relaxationszeitverteilungen in zwei Peaks, einen für das gebundene Wasser in den Zellen und einen Peak für das freie Wasser im Medium, nicht möglich, da nicht genügend Zellen in der Probe vorhanden waren. Weiterhin wurde ein Anstieg der Relaxationszeit mit zunehmendem Wachstum von *Geobacter metallireducens* gemessen. Für den untersuchten Konzentrationsbereich (bis 60mM Fe(III)-Citrat) ist eine Kalibration sehr gut möglich. Es konnte die Verringerung der Eisen(III)-Konzentration im Medium abgeleitet werden, die auf der Reduktion des Eisens durch *Geobacter metallireducens* beruht. Somit wurden Prozesse, die im Zusammenhang mit dem Wachstum von Biomasse oder dessen Atmung stehen, durch die Messung der T_2-Relaxationszeit nachgewiesen.

Durch Diffusometrie-Messungen wurden die Selbstdiffusionskoeffizienten von Wasser bei unterschiedlichen Temperaturen und in unterschiedlichen Lösungen gemessen. Mit steigender Temperatur steigt der Diffusionskoeffizient von Wasser an. Anwesende Ionen in Lösungen führen zu einer leichten Verringerung der Diffusionskoeffizienten. Eine Abhängigkeit der Diffusionskoeffizienten von der Beobachtungszeit war nicht gegeben.
PFG NMR ermöglicht es, Behinderungen in der Mobilität der Wassermoleküle zu untersuchen. Wird die Beobachtungszeit Δ kurz genug gewählt, so dass die durchschnittliche Verschiebung der Wassermoleküle vergleichbar ist mit der Länge der Hindernisse und dem Abstand zwischen ihnen, so ist der Diffusionskoeffizient von der Beobachtungszeit unabhängig, wird aber um einen konstanten Faktor reduziert. Dies konnte am Beispiel von Messungen an Quarztonen gezeigt werden. Des Weiteren wurden Selbstdiffusionskoeffizienten für ein Medium mit *Geobacter metallireducens* bestimmt. Die gemessene Abhängigkeit der Diffusion von der Beobachtungszeit wurde jedoch auf Konvektion in der Probe zurückgeführt. Es konnte festgestellt werden, dass eine Beobachtungszeit Δ von 20 ms noch zu lang ist, und in dieser Zeitspanne der Wasser-Austausch durch die Zellmembran schneller ist (Potter *et al.*, 1996). Für Medium mit *Geobacter metallireducens* konnte die von Potter *et al.* (1996) beschriebene Abhängigkeit der Signalintensität vom Feldgradienten nicht festgestellt werden. Gründe hierfür können sein, dass die Gradienten im Rahmen dieser Arbeit nicht hoch genug gewählt worden sind, oder die Anzahl der Organismen in der Probe zu gering war, um zu einer Behinderung der Diffusion zu führen. Dass die PFG NMR trotzdem viel Potential bietet, zeigen Potter *et al.* (1996); Beuling *et al.* (1998) und Vogt *et al.* (2000) mit ihren Messungen an aeroben und damit einfacher zu kultivierenden Mikroorganismen: Die Zunahme der Volumenfraktion an Bakterien führt zu einer Abnahme der normierten Diffusionskoeffizienten D/D_0 (Beuling *et al.*, 1998). Des Weiteren erlaubt die PFG NMR die Unterdrückung des Signals von freiem Wasser und somit ist es möglich die Diffusionskoeffizienten innerhalb der Zellen zu messen (Potter *et al.*, 1996; Vogt *et al.*, 2000).

Die eindeutige Interpretation von NMR-Untersuchungen an Biofilmen in natürlichen porösen Medien, wie Sanden oder Sandsteinen, ist jedoch durch die Einflüsse des porösen Materials und anwesende paramagnetische Ionen innerhalb der Probe schwierig. Dies macht eventuell das Ausweichen auf Modellsysteme nötig. Zusätzlich kann die Heterogenität natürlicher Biofilme die eindeutige Signalzuordnung erschweren. Ein weiteres Kriterium, dass die Arbeit mit Biofilmen erschwert, und das auch in der vorliegenden Arbeit vorhanden war, ist die nicht einfache Kultivierung des *Geobacter metallireducens* und die anschließende Messung unter anaeroben Bedingungen, da diese Bedingungen nicht einfach herzustellen und zu erhalten sind. So war die Distanz zwischen den Laboren der Mikrobiologie und der NMR-Messungen zu groß, um zufriedenstellende Versuche zu planen und durchzuführen.

Seit kurzem ermöglichen 2D NMR Techniken (Song *et al.*, 2002) Beobachtungen zum Austausch in Porenstrukturen durch Oberfächenrelaxation und Diffusionsrelaxation. Beispielsweise wurden bereits Messungen an wassergesättigten Sanden und Karbonatgesteinen (Schoenfelder *et al.*, 2008; Schönfelder, 2008) durchgeführt. 2D NMR kann aber auch angewendet werden, um mit Hilfe von T_1- beziehungsweise diffusionsgewichteter Messungen der T_2-Relaxationszeit Porenänderungen durch Biofilm-Wachstum und den Einfluss dieses Wachstums auf den diffusiven Transport zu untersuchen.

Kapitel 8

Zusammenfassung und Ausblick

Viele Sanierungstechniken für kontaminierte Standorte basieren auf der Stimulierung des biologischen Abbaus vor Ort durch Zugabe von Sauerstoff, Sauerstoffträgern (z.B. Nitrat) oder Mikroorganismen. Die Kontrolle des Sanierungsverlaufs ist meist angewiesen auf direkte Beprobung in Säulenversuchen oder an Feldstandorten. In dieser Laborstudie sollte bewertet werden, ob sich die Methode der magnetischen Kernspinresonanz (NMR) eignet, um beim Schadstoffabbau stattfindende Prozesse und geochemische Reaktionen zerstörungs- und beprobungsfrei zu untersuchen. Dazu wurden Messungen durchgeführt, um den Einfluss der gelösten Elektronenakzeptoren Sauerstoff und Eisen auf die NMR-Relaxationszeiten zu quantifizieren. Nach der Untersuchung der Wechselwirkung zwischen den Relaxationszeiten und Oberflächen von porösen Medien (Glaskugeln, natürlichen Sanden) wurden chemische Reaktionen genutzt, um beim Schadstoffabbau auftretende Prozesse zu simulieren. Diese Prozesse wurden zum Teil zeitlich und räumlich aufgelöst betrachtet. Die Interpretation der Daten wurde durch eine anschließende Modellierung gestützt.

Im ersten Schritt wurde der Einfluss von paramagnetischen Substanzen (Sauerstoff) und Ionen (Fe(II,III)) in Lösung auf die NMR-Relaxationszeiten T_1 und T_2 untersucht. Dass die Relaxationsrate von Wasser linear mit der Konzentration des Eisen(III)-Ions ansteigt, war bereits bekannt (Bloembergen et al., 1948; Bryar und Knight, 2002; Jaeger et al., 2008). Im Rahmen dieser Arbeit konnte dies für Konzentrationsbereiche von 10 mg/l bis zu 100 mg/l gezeigt werden (Mitreiter et al., 2010). Der lineare Anstieg der Relaxationsrate mit zunehmender Eisen(II)-Konzentration wurde bestätigt. Bryar und Knight (2002) hatten bei Messungen bis 10 mg/l noch keine Abhängigkeit berichtet. Auch für Sauerstoff wurde die gleiche, bereits von Nestle et al. (2003) beschriebene, lineare Abhängigkeit bestätigt. In dieser Arbeit wurden erstmals Messungen mit einem sehr geringen Gehalt an gelöstem Sauerstoff (< 10 mg/l) durchgeführt, wie er in natürlichen Wässern vorkommt.

Im zweiten Schritt wurde die bekannte Verkürzung der Relaxationszeiten durch paramagnetische Zentren auf den Oberflächen (Foley et al., 1996) von natürlichen Sanden untersucht. Es wurde gezeigt, dass die kleinsten Korngrößen den größten Einfluss auf die Oberflächenrelaxation haben. An den verwendeten Sandfraktionen, die gesättigt waren mit einer Eisen(III)-haltigen Porenlösung, konnte gezeigt werden, dass bei kleinen Korngrößen (< 200µm) die Oberflächenrelaxation dominiert und erst bei größeren Fraktionen die Volumenrelaxation überwiegt

(Mitreiter et al., 2010). Unter Berücksichtigung der Oberflächenrelaxation ist auch in porösen Medien die ermittelte lineare Abhängigkeit der Relaxationszeiten von der Konzentration an gelösten paramagnetischen Ionen anwendbar. Es wurde der Anstieg der Eisen(III)-Konzentration in der Porenlösung von natürlichen Sanden infolge der Auflösung eisenhaltiger Mineralien von den Oberflächen zeitlich und räumlich detailliert beobachtet. Die Ergebnisse der Modellierung zeigen, dass das Reaktionssystem zu Beginn der Reaktion von der Diffusion dominiert wird, am Ende ist die Reaktionsgeschwindigkeit der bestimmende Parameter. Die in der Natur auftretenden Redoxprozesse des Eisens wurden durch reine chemische Reaktionen unter Verwendung von Oxidations- und Reduktionsmitteln simuliert. Der zeitliche und räumliche Verlauf der einzelnen Reaktionen wurde durch den Anstieg beziehungsweise Abfall der gelösten Eisen(III)-Konzentration beobachtet. Es wurde der wichtige Einfluss des pH-Wertes auf den genauen Ablauf der Reaktionen deutlich gemacht. Nur in pH-Bereichen unter drei liegen die Eisen(III)-Ionen in Lösung vor. NMR-Relaxometrie ermöglicht die zeitliche und räumliche Erfassung von Redoxprozessen des Eisens trotz der Schnelligkeit der Reaktion. Dabei wurde beobachtet und durch die Modellierung bestätigt, dass die Diffusion der limitierende Faktor ist.

Im dritten Schritt wurde der Einfluss von Mikroorganismen auf die NMR-Relaxations- und Diffusionsmessungen untersucht. Die bereits bekannte verringerte Mobilität der Spins innerhalb der Biomasse (Hoskins et al., 1999; Manz et al., 2003) ebenso wie die Verschiebungen in den Relaxationszeitverteilungen hin zu kleineren Relaxationszeiten (Jaeger et al., 2006) konnten in dieser Arbeit in den Proben mit *Lactobacillus* und *Penicillium* bestätigt werden. Jedoch war eine bimodale Verteilung für die Mikroorganismen, wie sie beispielsweise bei Manz et al. (2003) beschrieben ist, nicht gegeben. Es wird angenommen, dass die Zelldichte nicht ausgereicht hat, um ein deutliches Signal zu messen. Für Bakterien von *Geobacter metallireducens* konnte erstmals der Verbrauch von Eisen(III)-Ionen durch Reduktion während des Wachstum anhand der ansteigenden T_2-Relaxationszeit quantitativ gezeigt werden.

Diffusionsmessungen mit Mikroorganismen wurden bereits von Potter et al. (1996); Beuling et al. (1998) und Vogt et al. (2000) beschrieben und zeigen das Potential dieser Methode. Auch im Rahmen dieser Arbeit wurden PFG NMR Messungen durchgeführt. Die gemessenen Diffusionskoeffizienten von Medium mit *Geobacter metallireducens* lagen im Bereich von 70% bis 95% des Selbstdiffusionskoeffizienten von freiem Wasser bei 35°C. Messungen der Signaldämpfung ergaben keine lineare Abhängigkeit von der Stärke der Feldgradienten, wie sie von Potter et al. (1996) für *Burkholderia cepacia* und Vogt et al. (2000) für *Pseudomonas aeruginosa* gemessen werden konnten. Daraus hätten Diffusionskoeffizienten berechnet werden können, die der behinderten Mobilität innerhalb der Bakterienzellen zuzuordnen sind. Aufgrund zu langer Beobachtungszeiten, zu niedriger Feldgradienten und/oder zu wenig Bakterienzellen in den Proben scheiterte dieser Versuch jedoch.

Es gibt bereits ein breites Spektrum an Einsatzmöglichkeiten der NMR-Methode in den Material- und Geowissenschaften, beispielsweise in der Ölexploration. Zusätzlich dazu wird die NMR in den letzten Jahren in immer mehr Anwendungsbereichen als Labor- und Feldmethode eingesetzt. In der vorliegenden Arbeit wurde gezeigt, dass NMR-Relaxometrie und Diffusometrie sehr leistungsfähige Hilfsmittel für die Untersuchung poröser Medien und ihrer Wechselwirkungen mit gelösten paramagnetischen Ionen, Matrixoberflächen und Mikroorganismen sind. Die NMR-Relaxometrie ist eine sensitive, aussagefähige und vielversprechende

Methode, um physikochemische Prozesse im wassergesättigten porösen Medium zerstörungs- und beprobungsfrei zu erforschen. NMR-Relaxationszeiten und Selbstdiffusionskoeffizienten reagieren empfindlich auf die unterschiedlichen Faktoren, die eine Rolle beim (mikrobiellen) Schadstoffabbau im Grundwasserleiter spielen. Dies stellte sich sowohl als Vorteil als auch als Nachteil der Methode heraus. NMR kann sehr gut in diesen Untersuchungsbereichen eingesetzt werden, jedoch ist die Interpretation von Ergebnissen erschwert, sobald komplexe und heterogene Systeme wie Böden und Grundwasserleiter betrachtet werden. Die gleichzeitigen Einflüsse von paramagnetische Ionen, Oberflächen und Biofilmen erfordern das getrennte Betrachten der Prozesse und eventuell auch das Ausweichen auf Modellsysteme.

Literaturverzeichnis

Appelo, C. und D. Postma, 2005: *Geochemistry, groundwater and pollution.* 2nd ed. A.A. Leiden: Balkema Publishers.

Bartacek, J., F. J. Vergeldt, E. Gerkema, P. Jenicek, P. N. L. Lens und H. Van As, 2009: Magnetic resonance microscopy of iron transport in methanogenic granules. *Journal of Magnetic Resonance*, 200, 303–312.

Baumann, G., 2007: Der Einfluss von paramagnetischem Eisen in NMR-Messungen an synthetischen und porösen Medien. Studienarbeit, Technische Universität Berlin.

Bayer, J., F. Jaeger und G. E. Schaumann, 2010: Proton Nuclear Magnetic Resonance (NMR) Relaxometry in Soil Science Applications. *The Open Magnetic Resonance Journal*, 3, 15–26.

Beuling, E. E., D. van Dusschoten, P. Lens, J. C. van den Heuvel, H. V. As und S. P. P. Ottengraf, 1998: Characterization of the diffusive properties of biofilms using pulsed field gradient-nuclear magnetic resonance. *Biotechnology and Bioengineering*, 60, 283–291.

Bühmann, J., 2009: Röntgen- und Elektronenspektroskopische Untersuchungen an größenfraktionierten Sandproben. Wissenschaftliche Arbeit, Universität Leipzig.

Bloch, F., 1946: Nuclear induction. *Physical Review*, 70, 460–474.

Bloch, F., 1951: Nuclear relaxation in gases by surface catalysis. *Physical Review*, 83, 1062–1063.

Bloch, F., W. Hansen und M. Packard, 1946: The nuclear induction experiment. *Physical Review*, 70, 474–485.

Bloembergen, N. und L. O. Morgan, 1961: Proton relaxation times in paramagnetic solutions. effects of electron spin relaxation. *The Journal of Chemical Physics*, 34, 842–850.

Bloembergen, N., E. M. Purcell und R. V. Pound, 1948: Relaxation effects in nuclear magnetic resonance absorption. *Physical Review*, 73, 679–712.

Braun, M., J. Kamm und U. Yaramanci, 2009: Simultaneous inversion of magnetic resonance sounding in terms of water content, resistivity and decay times. *Near Surface Geophysics*, 7, 589–598.

Bray, C., N. Schaller, S. Iannopollo, M. Bostick, G. Ferrante, A. Fleming und J. Hornak, 2006: A study of ^{1}H NMR signal from hydrated synthetic sands. *Journal of Environmental & Engineering Geophysics*, 11, 1–8.

Brownstein, K. R. und C. E. Tarr, 1979: Importance of classical diffusion in NMR studies of water in biological cells. *Physical Review A*, **19**, 2446–2453.

Bryar, T. R., C. J. Daughney und R. J. Knight, 2000: Paramagnetic effects of Iron(III) species on nuclear magnetic relaxation of fluid protons in porous media. *Journal of Magnetic Resonance*, **142**, 74–85.

Bryar, T. R. und R. J. Knight, 2002: Sensitivity of nuclear magnetic resonance relaxation measurements to changing soil redox conditions. *Geophysical Research Letters*, **29**, 2197.

Callaghan, P. T. und M. E. Komlosh, 2002: Locally anisotropic motion in a macroscopically isotropic system: displacement correlations measured using double pulsed gradient spin-echo NMR. *Magnetic Resonance in Chemistry*, **40**, S15–S19.

Carr, H. Y. und E. M. Purcell, 1954: Effects of diffusion on free precession in nuclear magnetic resonance experiments. *Physical Review*, **94**, 630–638.

Casieri, C., C. Terenzi und F. De Luca, 2009: Two-dimensional longitudinal and transverse relaxation time correlation as a low-resolution nuclear magnetic resonance characterization of ancient ceramics. *Journal of Applied Physics*, **105**.

Chiarotti, G., G. Cristiani und L. Giulotto, 1955: Proton relaxation in pure liquids and in liquids containing paramagnetic gases in solution. *Nuovo Cimento*, **1**, 863–873.

Cornell, R. M. und U. Schwertmann, 2003: *The Iron Oxides: Structure, Properties, Reactions, Occurrences and Uses*. Wiley-VCH, Weinheim, 2. Aufl.

Cotts, R., M. Hoch, T. Sun und J. Markert, 1989: Pulsed field gradient stimulated echo methods for improved NMR diffusion measurements in heterogeneous systems. *Journal of Magnetic Resonance (1969)*, **83**, 252–266.

Cox, J., P. J. McDonald und B. A. Gardiner, 2010: A study of water exchange in wood by means of 2D NMR relaxation correlation and exchange. *Holzforschung*, **64**, 259–266.

Cunningham, A., W. Characklis, F. Abedeen und D. Crawford, 1991: Influence of biofilm accumulation on porous-media hydrodynamics. *Environmental Science & Technology*, **25**, 1305–1311.

Doherty, J., L. Brebber und P. Whyte, 1994: *PEST - Model Independent Parameter Estimation*. Watermark Computing, Corinda, Australia.

Edwards, K. J., P. L. Bond, T. M. Gihring und J. F. Banfield, 2000: An Archaeal Iron-Oxidizing Extreme Acidophile Important in Acid Mine Drainage. *Science*, **287**, 1796–1799.

Fetter, C. W., 2001: *Applied Hydrogeology*. Prentice Hall, Upper Saddle River, NJ, 4. Aufl.

Foley, I., S. A. Farooqui und R. L. Kleinberg, 1996: Effect of paramagnetic ions on NMR relaxation of fluids at solid surfaces. *Journal of Magnetic Resonance, Series A*, **123**, 95–104.

Friedemann, K., W. Schoenfelder, F. Stallmach und J. Kaerger, 2008: NMR relaxometry during internal curing of Portland cements by lightweight aggregates. *Materials and Structures*, **41**, 1647–1655.

Galvosas, P., 2003: PFG NMR-Diffusionsuntersuchungen mit ultra-hohen gepulsten magnetischen Feldgradienten an mikroporösen Materialien. Dissertation, Universität Leipzig.

Gödeke, S., H. Weiß, R. Trabitzsch, C. Vogt, T. Wachter und M. Schirmer, 2003: Benzenabbau im Grundwasser unter verschiedenen Redox-Bedingungen. *Grundwasser*, **8**, 232–237.

Goldschmidt, V., 1926: Geochemische Verteilungsgesetze der Elemente. VII. Die Gesetze der Krystallochemie. *Norsk. Vid. Akad., Math.-Naturvid. Kl.*, **2**, 1–117.

Gossuin, Y., R. N. Muller und P. Gillis, 2004: Relaxation induced by ferritin: a better understanding for an improved MRI iron quantification. *NMR in Biomedicine*, **17**, 427–432.

Grivet, J.-P., A.-M. Delort und J.-C. Portais, 2003: NMR and microbiology: from physiology to metabolomics. *Biochimie*, **85**, 823–840.

Grucker, D., 2000: Oxymetry by magnetic resonance: applications to animal biology and medicine. *Progress in Nuclear Magnetic Resonance Spectroscopy*, **36**, 241–270.

Hahn, E. L., 1950: Spin echoes. *Physical Review*, **80**, 580–594.

Hall, L., V. Rajanayagam und C. Hall, 1986: Chemical-shift imaging of water and normal-dodecane in sedimentary rocks. *Journal of Magnetic Resonance*, **68**, 185–188.

Hausser, R. und F. Noack, 1965: Kernmagnetische Relaxation und Korrelation im System Wasser - Sauerstoff. *Zeitschrift für Naturforschung Part A - Astrophysik, Physik und Physikalische Chemie*, **A 20**, 1668–1675.

Hinsinger, P., C. Plassard, C. Tang und B. Jaillard, 2003: Origins of root-mediated ph changes in the rhizosphere and their responses to environmental constraints: A review. *Plant and Soil*, **248**, 43–59.

Hoagland, D. und D. Arnon, 1950: The waterculture method for growing plants without soil. *Circular*, **347**, 1–32.

Holz, M., S. R. Heil und A. Sacco, 2000: Temperature-dependent self-diffusion coefficients of water and six selected molecular liquids for calibration in accurate ^1H NMR PFG measurements. *Physical Chemistry Chemical Physics*, **2**, 4740–4742.

Hoskins, B. C., L. Fevang, P. D. Majors, M. M. Sharma und G. Georgiou, 1999: Selective imaging of biofilms in porous media by NMR relaxation. *Journal of Magnetic Resonance*, **139**, 67–73.

Hürlimann, M. D. und L. Venkataramanan, 2002: Quantitative measurement of two-dimensional distribution functions of diffusion and relaxation in grossly inhomogeneous fields. *Journal of Magnetic Resonance*, **157**, 31–42.

Huerlimann, M. D., D. E. Freed, L. J. Zielinski, Y. Q. Song, G. Leu, C. Straley, C. C. Minh und A. Boyd, 2009: Hydrocarbon composition from NMR diffusion and relaxation data. *Petrophysics*, **50**, 116–129.

Illman, W. und P. Alvarez, 2009: Performance assessment of bioremediation and natural attenuation. *Critical Reviews in Environmental Science and Technology*, **39**, 209–270.

Jaeger, F., E. Grohmann und G. Schaumann, 2006: ^{1}H NMR relaxometry in natural humous soil samples: Insights in microbial effects on relaxation time distributions. *Plant and Soil*, **280**, 209–222.

Jaeger, F., N. Rudolph, F. Lang und G. E. Schaumann, 2008: Effects of Soil Solution's Constituents on Proton NMR Relaxometry of Soil Samples. *Soil Science Society of America Journal*, **72**, 1694–1707.

Kärger, J. und W. Heink, 1983: The propagator representation of molecular-tranpsort in microporous crystallites. *Journal of Magnetic Resonance*, **51**, 1–7.

Keating, K. und R. Knight, 2007: A laboratory study to determine the effect of iron oxides on proton NMR measurements. *Geophysics*, **72**, E27–E32.

Keating, K. und R. Knight, 2008: A laboratory study of the effect of magnetite on NMR relaxation rates. *Journal of Applied Geophysics*, **66**, 188–196.

Keating, K. und R. Knight, 2010: A laboratory study of the effect of Fe(II)-bearing minerals on nuclear magnetic resonance (NMR) relaxation measurements. *Geophysics*, **75**, F71–F82.

Keating, K., R. Knight und K. J. Tufano, 2008: Nuclear magnetic resonance relaxation measurements as a means of monitoring iron mineralization processes. *Geophysical Research Letters*, **35**.

Kenyon, W., 1992: Nuclear-magnetic-resonance as a petrophysical measurement. *Nuclear Geophysics*, **6**, 153–171.

Kenyon, W. E. und J. A. Kolleeny, 1995: NMR surface relaxivity of calcite with adsorbed Mn^{2+}. *Journal of Colloid and Interface Science*, **170**, 502–514.

Kleinberg, R. L. und M. A. Horsfield, 1990: Transverse relaxation processes in porous sedimentary rock. *Journal of Magnetic Resonance (1969)*, **88**, 9–19.

Kleinberg, R. L., W. E. Kenyon und P. P. Mitra, 1994: Mechanism of NMR relaxation of fluids in rock. *Journal of magnetic resonance, Series A*, **108**, 206–214.

Kolditz, O., A. Habbar, R. Kaiser, T. Rother, C. Thorenz, M. Kohlmeier und S. Moenickes, 2001: ROCKFLOW User´s Manual Release 3.5. Institut für Strömungsmechanik und Elektronisches Rechnen im Bauwesen, Universität Hannover.

Korringa, J., D. O. Seevers und H. C. Torrey, 1962: Theory of spin pumping and relaxation in systems with a low concentration of electron spin resonance centers. *Physical Review*, **127**, 1143–1150.

Latour, L. L., P. P. Mitra, R. L. Kleinberg und C. H. Sotak, 1993: Time-dependent diffusion coefficient of fluids in porous media as a probe of surface-to-volume ratio. *Journal of Magnetic Resonance, Series A*, **101**, 342–346.

Lauterbur, P. C., 1973: Image formation by induced local interactions: Examples employing nuclear magnetic resonance. *Nature*, **242**, 190–191.

Legchenko, A., J. Baltassat, A. Beauce und J. Bernard, 2002: Nuclear magnetic resonance as a geophysical tool for hydrogeologists. *Journal of Applied Geophysics*, **50**, 21–46.

Lewandowski, Z., S. Altobelli und E. Fukushima, 1993: NMR and microelectrode studies of hydrodynamics and kinetics in biofilms. *Biotechnology Progress*, **9**, 40–45.

Lovley, D. R. und E. J. P. Phillips, 1988: Novel mode of microbial energy metabolism: Organic carbon oxidation coupled to dissimilatory reduction of iron or manganese. *Applied and Environmental Microbiology*, **54**, 1472–1480.

Mansfield, P. und P. K. Grannell, 1973: NMR 'diffraction' in solids? *Journal of Physics C: Solid State Physics*, **6**, L422–L426.

Manz, B., F. Volke, D. Goll und H. Horn, 2003: Measuring local flow velocities and biofilm structure in biofilm systems with magnetic resonance imaging (MRI). *Biotechnology and Bioengineering*, **84**, 424–432.

Marigheto, N., L. Venturi und B. Hills, 2008: Two-dimensional NMR relaxation studies of apple quality. *Postharvest Biology and Technology*, **48**, 331–340.

Mayer, K. U., S. G. Benner und D. W. Blowes, 2006: Process-based reactive transport modeling of a permeable reactive barrier for the treatment of mine drainage. *Journal of Contaminant Hydrology*, **85**, 195–211.

Mayer, K. U., E. O. Frind und D. W. Blowes, 2002: Multicomponent reactive transport modeling in variably saturated porous media using a generalized formulation for kinetically controlled reactions. *Water Resources Research*, **38**, 1174.

McDonald, M. G. und A. W. Harbaugh, 1988: A modular three-dimensional finite-difference ground-water flow model. *U.S. Geological Survey*. Techniques of Water-Resources Investigations, Book 6.

McDonald, P. J., J. Mitchell, M. Mulheron, L. Monteilhet und J.-P. Korb, 2007: Two-dimensional correlation relaxation studies of cement pastes. *Magnetic Resonance Imaging*, **25**, 470–473.

McLean, J. S., O. N. Ona und P. D. Majors, 2008: Correlated biofilm imaging, transport and metabolism measurements via combined nuclear magnetic resonance and confocal microscopy. *ISME Journal*, **2**, 121–131.

Meiboom, S. und D. Gill, 1958: Modified spin-echo method for measuring nuclear relaxation times. *Review of Scientific Instruments*, **29**, 688–691.

Mitra, P. P. und P. N. Sen, 1992: Effects of microgeometry and surface relaxation on NMR pulsed-field-gradient experiments: Simple pore geometries. *Physical Review B*, **45**, 143–156.

Mitra, P. P., P. N. Sen und L. M. Schwartz, 1993: Short-time behavior of the diffusion coefficient as a geometrical probe of porous media. *Physical Review B*, **47**, 8565–8574.

Mitra, P. P., P. N. Sen, L. M. Schwartz und P. Le Doussal, 1992: Diffusion propagator as a probe of the structure of porous media. *Physical Review Letters*, **68**, 3555–3558.

Mitreiter, I., S. E. Oswald und F. Stallmach, 2010: Investigation of Iron(III)-Release in the Pore Water of Natural Sands by NMR Relaxometry. *The Open Magnetic Resonance Journal*, **3**, 46–51.

Müller, M., S. Kooman und U. Yaramanci, 2005: Nuclear magnetic resonance (NMR) properties of unconsolidated sediments in field and laboratory. *Near Surface Geophysics*, **3**, 275–285.

Mohnke, O. und U. Yaramanci, 2008: Pore size distributions and hydraulic conductivities of rocks derived from Magnetic Resonance Sounding relaxation data using multi-exponential decay time inversion. *Journal of Applied Geophysics*, **66**, 73 – 81. Resonance Sounding – a Reality in Applied Hydrogeophysics.

Moormann, H., P. Kuschk und U. Stottmeister, 2002: The effect of Rhizodeposition from Helophytes on bacterial degradation of phenolic compounds. *Acta Biotechnologica*, **22**, 107–112.

Moradi, A. B., S. E. Oswald, J. A. Nordmeyer-Massner, K. P. Pruessmann, B. H. Robinson und R. Schulin, 2010: Analysis of nickel concentration profiles around the roots of the hyperaccumulator plant berkheya coddii using mri and numerical simulations. *Plant and Soil*, **328**, 291–302.

Nestle, N., T. Baumann und R. Niessner, 2003: Oxygen determination in oxygen-supersaturated drinking waters by NMR relaxometry. *Water Research*, **37**, 3361–3366.

Nott, K., M. Paterson-Beedle, L. Macaskie und L. Hall, 2001: Visualisation of metal deposition in biofilm reactors by three-dimensional magnetic resonance imaging (MRI). *Biotechnology Letters*, **23**, 1749–1757.

Oswald, S., W. Kinzelbach, A. Greiner und G. Brix, 1997: Observation of flow and transport processes in artificial porous media via magnetic resonance imaging in three dimensions. *Geoderma*, **80**, 417–429.

Parkhurst, D. und C. Appelo, 1999: Users guide to PHREEQC (Version 2) - a computer program for speciation, batch-reaction, one-dimensional transport, and inverse geochemical calculations. *U.S. Geological Survey*. Water-Resources Investigations Report 99-4259.

Phoenix, V. R. und W. M. Holmes, 2008: Magnetic resonance imaging of structure, diffusivity, and copper immobilization in a phototrophic biofilm. *Applied and Environmental Microbiology*, **74**, 4934–4943.

Potter, K., R. L. Kleinberg, F. J. Brockman und E. W. Mcfarland, 1996: Assay for bacteria in porous media by diffusion-weighted NMR. *Journal of Magnetic Resonance, Series B*, **113**, 9–15.

Purcell, E., H. Torrey und R. Pound, 1946: Resonance absorption by nuclear magnetic moments in a solid. *Physical Review*, **69**, 37–38.

Rabi, I. I., 1937: Space quantization in a gyrating magnetic field. *Physical Review*, **51**, 652–654.

Ramanan, B., W. M. Holmes, W. T. Sloan und V. R. Phoenix, 2010: Application of paramagnetically tagged molecules for magnetic resonance imaging of biofilm mass transport processes. *Applied and Environmental Microbiology*, **76**, 4027–4036.

Renslow, R. S., P. D. Majors, J. S. McLean, J. K. Fredrickson, B. Ahmed und H. Beyenal, 2010: In situ effective diffusion coefficient profiles in live biofilms using pulsed-field gradient nuclear magnetic resonance. *Biotechnology and Bioengineering*, **106**, 928–937.

Reysenbach, A.-L. und S. L. Cady, 2001: Microbiology of ancient and modern hydrothermal systems. *Trends in Microbiology*, **9**, 79 – 86.

Scheffer, F. und P. Schachtschabel, 2002: *Lehrbuch der Bodenkunde. 15. Auflage.* Spektrum Akademischer Verlag; Heidelberg, Berlin.

Schirov, M., A. Legchenko und G. Creer, 1991: A new direct non-invasive groundwater detection technology for Australia. *Exploration Geophysics*, **22**, 333–338.

Schönfelder, W., 2008: Charakterisierung von Gesteinen und geotechnischen Materialien mit ein- und zweidimensionalen NMR-Methoden. Dissertation, Universität Leipzig.

Schoenfelder, W., H.-R. Glaeser, I. Mitreiter und F. Stallmach, 2008: Two-dimensional NMR relaxometry study of pore space characteristics of carbonate rocks from a Permian aquifer. *Journal of Applied Geophysics*, **65**, 21–29.

von der Schulenburg, D. A. G., D. J. Holland, M. Paterson-Beedle, L. E. Macaskie, L. F. Gladden und M. L. Johns, 2008: Spatially resolved quantification of metal ion concentration in a biofilm-mediated ion exchanger. *Biotechnology and Bioengineering*, **99**, 821–829.

Seymour, J. D., S. L. Codd, E. L. Gjersing und P. S. Stewart, 2004a: Magnetic resonance microscopy of biofilm structure and impact on transport in a capillary bioreactor. *Journal of Magnetic Resonance*, **167**, 322–327.

Seymour, J. D., J. P. Gage, S. L. Codd und R. Gerlach, 2004b: Anomalous fluid transport in porous media induced by biofilm growth. *Physical Review Letters*, **93**, 198103.

Snoeyenbos-West, O., K. Nevin, R. Anderson und D. Lovley, 2000: Enrichment of Geobacter species in response to stimulation of Fe(III) reduction in sandy aquifer sediments. *Microbial Ecology*, **39**, 153–167.

Solomon, I., 1955: Relaxation processes in a system of two spins. *Physical Review*, **99**, 559–565.

Song, Y.-Q., 2009: A 2D NMR method to characterize granular structure of dairy products. *Progress in Nuclear Magnetic Resonance Spectroscopy*, **55**, 324–334.

Song, Y. Q., L. Venkataramanan, M. D. Hürlimann, M. Flaum, P. Frulla und C. Straley, 2002: T_1-T_2 correlation spectra obtained using a fast two-dimensional Laplace inversion. *Journal of Magnetic Resonance*, **154**, 261–268.

Stallmach, F., 2004: NMR-Diffusometrie an porösen Materialien. Habilitationsschrift, Universität Leipzig.

Stallmach, F. und P. Galvosas, 2006: Spin echo NMR diffusion studies. *Annual Reports on NMR Spectroscopy*, **61**, 52–131.

Stallmach, F., C. Vogt, J. Kärger, K. Helbig und F. Jacobs, 2002: Fractal geometry of surface areas of sand grains probed by pulsed field gradient NMR. *Physical Review Letters*, **88**, 105505.

Stejskal, E. O. und J. E. Tanner, 1965: Spin diffusion measurements: Spin echoes in the presence of a time-dependent field gradient. *Journal of Chemical Physics*, **42**, 288–292.

Teng, C., H. Hong, S. Kiihne und R. Bryant, 2001: Molecular oxygen spin-lattice relaxation in solutions measured by proton magnetic relaxation dispersion. *Journal of Magnetic Resonance*, **148**, 31–34.

Timur, A., 1969: Producable porosity and permeability of sandstone investigated through nuclear magnetic resonance principles. *The Log Analyst*, **10**, 3–11.

Trefry, M. G. und C. Muffels, 2007: FEFLOW: A finite-element ground water flow and transport modeling tool. *Ground Water*, **45**, 525–528.

Valckenborg, R. M. E., L. Pel und K. Kopinga, 2001: NMR relaxation and diffusion measurements on Iron(III)-Doped Kaolin Clay. *Journal of Magnetic Resonance*, **151**, 291 – 297.

Van As, H. und D. van Dusschoten, 1997: NMR methods for imaging of transport processes in micro-porous systems. *Geoderma*, **80**, 389–403.

Vargas, M., K. Kashefi, E. L. Blunt-Harris und D. R. Lovley, 1998: Microbiological evidence for Fe(III) reduction on early earth. *Nature*, **395**, 65–67.

Venkataramanan, L., Y. Q. Song und M. D. Hurlimann, 2002: Solving fredholm integrals of the first kind with tensor product structure in 2 and 2.5 dimensions. *IEEE Transactions on Signal Processing*, **50**, 1017–1026.

Vogt, C., P. Galvosas, N. Klitzsch und F. Stallmach, 2002: Self-diffusion studies of pore fluids in unconsolidated sediments by PFG NMR. *Journal of Applied Geophysics*, **50**, 455–467.

Vogt, M., H.-C. Flemming und W. Veeman, 2000: Diffusion in Pseudomonas aeruginosa biofilms: a pulsed field gradient NMR study. *Journal of Biotechnology*, **77**, 137–146.

Watson, I. A., S. E. Oswald, K. U. Mayer, Y. X. Wu und S. A. Banwart, 2003: Modeling kinetic processes controlling hydrogen and acetate concentrations in an aquifer-derived microcosm. *Environmental Science & Technology*, **37**, 3910–3919.

Wieland, A., D. de Beer, L. Damgaard, M. Kuhl, D. van Dusschote und H. Van As, 2001: Fine-scale measurement of diffusivity in a microbial mat with nuclear magnetic resonance imaging. *Limnology and Oceanography*, **46**, 248–259.

Yaramanci, U., G. Lange und K. Knodel, 1999: Surface NMR within a geophysical study of an aquifer at Haldensleben (Germany). *Geophysical Prospecting*, **47**, 923–943.

Zhang, G., G. Hirasaki und W. House, 2003: Internal field gradients in porous media. *Petrophysics*, **44**, 422–434.

Anhang A

Verwendete Chemikalien & Materialien

Eine Zusammenfassung der verwendeten Chemikalien und Materialien ist den Tabellen A.1 und A.2 zu entnehmen. Die detaillierte Herstellung der Lösungen wurde im Abschnitt 4.2 erläutert.

Tabelle A.1: Verwendete Chemikalien.

Chemikalien	Formel	Molare Masse	Firma
Eisen(III)-chlorid-Hexahydrat	$FeCl_3 \cdot 6\ H_2O$	162,21 g/mol	Merck
Eisen(II)-sulfat-Heptahydrat	$FeSO_4 \cdot 7\ H_2O$	278,02 g/mol	Merck
Oxalsäure-Dihydrat	$C_2H_2O_4 \cdot 2\ H_2O$	126,07 g/mol	Riedel de Haen
Zinn(II)-chlorid Dihydrat	$SnCl_2 \cdot 2\ H_2O$	225,63 g/mol	Sigma
Natriumhydroxid	$NaOH$	40,00 g/mol	Grüssing
Salzsäure	HCl	36,46 g/mol	Solvadis
Schwefelsäure	H_2SO_4	98,08 g/mol	Solvadis
Wasserstoffperoxid	H_2O_2	34,02 g/mol	Solvadis
Magnesiumspäne	Mg	24,31 g/mol	Merck

Tabelle A.2: Als poröses Medium verwendete Materialien.

Materialien	Zusammensetzung	Fraktionen	Firma
Glaskugeln	Borosilikatglas, Typ P	0,8/1/2/3 mm	Sigmund Lindner GmbH
Sande		63 - 125 µm 125 - 200 µm 200 - 500 µm 500 - 800 µm 800 - 1000 µm	Kiesgrube Rückmarsdorf
Ton	Quarzmehl VP960-943		Quarzwerke Frechen

Anhang B

Modellierung – MIN3P-Eingabedateien

Auflösung - zeitlich, mit Diffusion

! D1 - Eisen(III)-Auflösung im Sand - zeitlich mit Diffusion
! reactive transport including complexation and dissolution-precipitation reactions
!
! Data Block 1: global control parameters
! ─────────────────────────────────────
'global control parameters'
'D1 reactive transport - Fe3+ dissolution'
.true.   ;varsat_flow
.true.   ;steady_flow
.true.   ;fully_saturated
.true.   ;reactive_transport
'done'

! Data Block 2: geochemical system
! ─────────────────────────────────────
'geochemical system'
'use new database format'
'database directory'
'/home/.../database'

'components'
2   ;number of components (nc-1)
'h+1'   ;component names
'fe+3'

'minerals'
1   ;number of minerals (nm)
'goethite'   ;mineral names
'done'

! Data Block 3: spatial discretization
! ──

'spatial discretization'
1   ;number of discretization intervals in x
1   ;number of control volumes in x
0. 0.0126   ;xmin,xmax
1   ;number of discretization intervals in y
1   ;number of control volumes in y
0. 0.0126   ;ymin,ymax
1   ;number of discretization intervals in z
100   ;number of control volumes in z
0. 0.01   ;zmin,zmax
'done'

! Data Block 4: time step control - global system
! ──

'time step control - global system'
'days'   ;time unit
0.00   ;time at start of solution
1.0d0   ;final solution time
0.001   ;max. time step
0.0000001   ;min. time step
'done'

! Data Block 5: control parameters - local geochemistry
! ──

'control parameters - local geochemistry'
'newton iteration settings'
1.d-4   ;factor for numerical differentiation
1.d-6   ;convergence tolerance
'maximum ionic strength'
1.0d0   ;max. ionic strength
'minimum activity for h2o'
0.5d0   ;min. activity for h2o
'output time unit'
'days'   ;time unit (local chemistry)
'done'

! Data Block 6: control parameters - variably saturated flow
! ──

'control parameters - variably saturated flow'
'mass balance'
'input units for boundary and initial conditions'
'hydraulic head'   ;input unit
'solver settings'

```
0                          ;level_vs, incomplete factorization level
1500                       ;msolvit_vs, max. number of solver iterations
0                          ;idetail_vs, solver information level
1.0d-7                     ;restol_vs, solver residual tolerance
1.0d-7                     ;deltol_vs, solver update tolerance
'done'
```

! Data Block 7: control parameters - reactive transport
! ──

```
'control parameters - reactive transport'
'mass balance'
'spatial weighting'
'centered'                 ;spatial weighting
'activity update settings'
'time_lagged'              ;type of activity update
'tortuosity correction'
'millington'
'newton iteration settings'
1.d-4                      ;increment h for numerical differentiation
12                         ;anticipted number of Newton iterations
1500                       ;max. number of Newton iterations
0.5d0                      ;anticipated update in log cycles
1.0d0                      ;maximum update in log cycles
1.d-6                      ;convergence tolerance (global system)
'solver settings'
0                          ;incomplete factorization level
1500                       ;max. number of solver iterations
1                          ;solver information level
1.d-7                      ;solver residual tolerance
1.d-7                      ;solver update tolerance
'done'
```

! Data Block 8: output control
! ──

```
'output control'
'output of spatial data'
4                          ;number of output times (spatial data)
0.01 0.1 0.5 1.0           ;specified output times (spatial data)
'output of transient data'
3                          ;number of output locations (transient data)
1                          ;number of skipped time steps
5 50 99                    ;specified output locations
'done'
```

! Data Block 9: physical parameters - porous medium

!————————————————————————————
'physical parameters - porous medium'
2   ;number of property zones

'number and name of zone'
1
'sand'
0.35   ;porosity
'extent of zone'
0.0 1.0 0.0 1.0 0.0 0.01   ;extent of property zone
'end of zone'
'number and name of zone'
2
'hcl-top'
0.35   ;porosity
'extent of zone'
0.0 1.0 0.0 1.0 0.009 0.01   ;extent of property zone
'end of zone'
'done'

! Data Block 10: physical parameters - variably saturated flow
!————————————————————————————
'physical parameters - variably saturated flow'

'sand'
'hydraulic conductivity in z-direction'
1.00000E-16   ;K_zz
'end of zone'

'hcl-top'
'hydraulic conductivity in z-direction'
1.00000E-16   ;K_zz
'end of zone'
'done'

! Data Block 11: physical parameters - reactive transport
!————————————————————————————
'physical parameters - reactive transport'
'diffusion coefficients'
4.5E-9   ;diffusion coefficient
0.0d0

'sand'
'longitudinal dispersivity'
0.0   ;dispersivity

'end of zone'

'hcl-top'
'longitudinal dispersivity'
0.0   ;dispersivity
'end of zone'
'done'

! Data Block 12: initial condition - variably saturated flow
! ————————————————————————————
'initial condition - variably saturated flow'
1   ;number of zones

'number and name of zone'
1
'zone 1'
'initial condition'
0
'extent of zone'
0.0 1.0 0.0 1.0 0.009 0.01
'end of zone'
'done'

! Data Block 13: boundary conditions - variably saturated flow
! ————————————————————————————
'boundary conditions - variably saturated flow'
1   ;number of zones

'number and name of zone'
1
'inflow boundary'
'boundary type'
'first' 0.0001   ;hydraulic head
'extent of zone'
0.0 1.0 0.0 1.0 0.009 0.01
'end of zone'
'done'

! Data Block 15: initial condition - reactive transport
! ————————————————————————————
'initial condition - reactive transport'
2   ;number of zones

'number and name of zone'
1

'HCl'
'concentration input'
1.5000   'ph'   'h+1'
5.00E-20   'free'   'fe+3'
'extent of zone'
0.0 1.0 0.0 1.0 0.009 0.01   ;extent of zone
'end of zone'

'number and name of zone'
2
'System sand'
'concentration input'
1.65   'ph'   'h+1'
5.003E-20   'free'   'fe+3'
'mineral input'
0.95000 .true. 'constant'
5.0000E-08 1.95E-10 0.000
'extent of zone'
0.0 1.0 0.0 1.0 0.0 0.009   ;extent of zone
'end of zone'
'done'

! Data Block 16: boundary conditions - reactive transport
! ──
'boundary conditions - reactive transport'
1   ;number of zones

'number and name of zone'
1
'upper boundary'
'boundary type'
'first'
'concentration input'
1.51   'ph'   'h+1'
5.00E-25   'free'   'fe+3'
'extent of zone'
0.0 1.0 0.0 1.0 0.009 0.01
'mineral input'
0.95000 .true. 'constant'
5.0000E-08 5.000E-9 0.000
'end of zone'
'done'

Reduktion in Lösung - Magnesiumspäne, Ausfall & Diffusion

! D2 - Eisen(III)-Reduktion in Lösung - Ausfall & Diffusion
! reactive transport including complexation and dissolution-precipitation reactions
!
! Data Block 1: global control parameters
! ───

'global control parameters'
'D1 reactive transport'
.true.   ;varsat_flow
.true.   ;steady_flow
.true.   ;fully_saturated
.true.   ;reactive_transport
'done'

! Data Block 2: geochemical system
! ───
!
'geochemical system'
'use new database format'
'database directory'
'/home/.../database'

'components'
2   ;number of components (nc-1)
'h+1'   ;component names
'fe+3'

'minerals'
1   ;number of minerals (nm)
'goethite'   ;mineral names
'done'

! Data Block 3: spatial discretization
! ───
!
'spatial discretization'
1   ;number of discretization intervals in x
1   ;number of control volumes in x
0. 0.0126   ;xmin,xmax
1   ;number of discretization intervals in y
1   ;number of control volumes in y
0. 0.0126   ;ymin,ymax
1   ;number of discretization intervals in z
100   ;number of control volumes in z
0. 0.01   ;zmin,zmax

'done'

! Data Block 4: time step control - global system
!————————————————————————————
!
'time step control - global system'
'days'   ;time unit
0.00   ;time at start of solution
1.0d0   ;final solution time
0.001   ;max. time step
0.0000001   ;min. time step
'done'

! Data Block 5: control parameters - local geochemistry
!————————————————————————————
!
'control parameters - local geochemistry'

'newton iteration settings'
1.d-4   ;factor for numerical differentiation
1.d-6   ;convergence tolerance
'maximum ionic strength'
1.0d0   ;max. ionic strength
'minimum activity for h2o'
0.5d0   ;min. activity for h2o
'output time unit'
'days'   ;time unit (local chemistry)
'done'

! Data Block 6: control parameters - variably saturated flow
!————————————————————————————
!
'control parameters - variably saturated flow'

'mass balance'
'input units for boundary and initial conditions'
'hydraulic head'   ;input unit
'solver settings'
0   ;level_vs, incomplete factorization level
1500   ;msolvit_vs, max. number of solver iterations
0   ;idetail_vs, solver information level
1.0d-7   ;restol_vs, solver residual tolerance
1.0d-7   ;deltol_vs, solver update tolerance
'done'

! Data Block 7: control parameters - reactive transport
! ———————————————————————————————
!
'control parameters - reactive transport'
'mass balance'
'spatial weighting'
'centered'   ;spatial weighting
'activity update settings'
'time_lagged'   ;type of activity update
'tortuosity correction'
'millington'

'newton iteration settings'
1.d-4   ;increment h for numerical differentiation
12   ;anticipted number of Newton iterations
1500   ;max. number of Newton iterations
0.5d0   ;anticipated update in log cycles
1.0d0   ;maximum update in log cycles
1.d-6   ;convergence tolerance (global system)

'solver settings'
0   ;incomplete factorization level
1500   ;max. number of solver iterations
1   ;solver information level
1.d-7   ;solver residual tolerance
1.d-7   ;solver update tolerance
'done'

! Data Block 8: output control
! ———————————————————————————————
!
'output control'
'output of spatial data'
4   ;number of output times (spatial data)
0.01 0.1 0.5 1.0   ;specified output times (spatial data)
'output of transient data'
3   ;number of output locations (transient data)
1   ;number of skipped time steps
5 50 99   ;specified output locations
'done'

! Data Block 9: physical parameters - porous medium
! ———————————————————————————————
!
'physical parameters - porous medium'

```
1                       ;number of property zones

'number and name of zone'
1
'loesung'
0.90                    ;porosity
'extent of zone'
0.0 1.0 0.0 1.0 0.0 0.01    ;extent of property zone
'end of zone'
'done'

! Data Block 10: physical parameters - variably saturated flow
! ─────────────────────────────────────────
!
'physical parameters - variably saturated flow'

'loesung'
'hydraulic conductivity in z-direction'
1.00000E-16             ;K_zz
'end of zone'
'done'

! Data Block 11: physical parameters - reactive transport
! ─────────────────────────────────────────
!
'physical parameters - reactive transport'

'diffusion coefficients'
4.0E-9                  ;diffusion coefficient
0.0d0

'loesung'

'longitudinal dispersivity'
0.0                     ;dispersivity

'end of zone'
'done'

! Data Block 12: initial condition - variably saturated flow
! ─────────────────────────────────────────
!
'initial condition - variably saturated flow'

1                       ;number of zones
```

```
'number and name of zone'
1
'zone 1'
'initial condition'
0
'extent of zone'
0.0 1.0 0.0 1.0 0.009 0.01
'end of zone'
'done'

! Data Block 13: boundary conditions - variably saturated flow
! ─────────────────────────────────────────────
!
'boundary conditions - variably saturated flow'
1                              ;number of zones

'number and name of zone'
1
'inflow boundary'

'boundary type'
'first' 0.0001                 ;hydraulic head
'extent of zone'
0.0 1.0 0.0 1.0 0.009 0.01
'end of zone'
'done'

! Data Block 15: initial condition - reactive transport
! ─────────────────────────────────────────────
!
'initial condition - reactive transport'
1                              ;number of zones

'number and name of zone'

1
'loesung'

'concentration input'
3.0 'ph' 'h+1'
7.25E-5 'free' 'fe+3'
'mineral input'
0.005000 .true. 'constant'
5.0000E-15 2.5E-18 0.000
```

!350E-6 250E-6 1E-8
'extent of zone'
0.0 1.0 0.0 1.0 0.0 0.01   ;extent of zone
'end of zone'
'done'

! Data Block 16: boundary conditions - reactive transport
! ─────────────────────────────────
!
'boundary conditions - reactive transport'
1   ;number of zones

'number and name of zone'
1
'upper boundary'

'boundary type'
'first'

'concentration input'
4.21 'ph' 'h+1'
5.0E-5 'free' 'fe+3'
'extent of zone'
0.0 1.0 0.0 1.0 0.009 0.01
'mineral input'
0.005000 .true. 'constant'
5.0000E-5 5.000E-10 0.000
'extent of zone'
0.0 1.0 0.0 1.0 0.0 0.09   ;extent of zone

'end of zone'
'done'

Reduktion in Lösung - Magnesiumspäne, Reduktion & Diffusion

! D3 - Eisen(III)-Reduktion in Lösung Mg - Reduktion mit Diffusion
! reactive transport including complexation and dissolution-precipitation reactions
!
! Data Block 1: global control parameters
! ───
'global control parameters'
'1D reactive transport - Fe3+ reduction'
.true.   ;varsat_flow
.true.   ;steady_flow
.true.   ;fully_saturated
.true.   ;reactive_transport
'done'

! Data Block 2: geochemical system
! ───
'geochemical system'
'use new database format'
'database directory'
'/home/.../database'

'components'
3   ;number of components (nc-1)
'fe+3'   ;component names
'fe+2'
'mg+2'

'minerals'
1
'MG'
'done'

! Data Block 3: spatial discretization
! ───
'spatial discretization'
1   ;number of discretization intervals in x
1   ;number of control volumes in x
0. 0.0126   ;xmin,xmax
1   ;number of discretization intervals in y
1   ;number of control volumes in y
0. 0.0126   ;ymin,ymax
1   ;number of discretization intervals in z
100   ;number of control volumes in z
0. 0.01   ;zmin,zmax
'done'

! Data Block 4: time step control - global system
! ───
'time step control - global system'
'days'   ;time unit
0.00   ;time at start of solution
1.0d0   ;final solution time
0.001   ;max. time step
0.0000001   ;min. time step
'done'

! Data Block 5: control parameters - local geochemistry
! ───
'control parameters - local geochemistry'
'newton iteration settings'
1.d-4   ;factor for numerical differentiation
1.d-6   ;convergence tolerance
'maximum ionic strength'
1.0d0   ;max. ionic strength
'minimum activity for h2o'
0.5d0   ;min. activity for h2o
'output time unit'
'days'   ;time unit (local chemistry)
'done'

! Data Block 6: control parameters - variably saturated flow
! ───
'control parameters - variably saturated flow'
'mass balance'
'input units for boundary and initial conditions'
'hydraulic head'   ;input unit
'solver settings'
0   ;level_vs, incomplete factorization level
1500   ;msolvit_vs, max. number of solver iterations
0   ;idetail_vs, solver information level
1.0d-7   ;restol_vs, solver residual tolerance
1.0d-7   ;deltol_vs, solver update tolerance
'done'

! Data Block 7: control parameters - reactive transport
! ───
'control parameters - reactive transport'
'mass balance'
'spatial weighting'
'centered'   ;spatial weighting

'activity update settings'
'time_lagged'   ;type of activity update
'tortuosity correction'
'millington'
'newton iteration settings'
1.d-4   ;increment h for numerical differentiation
12   ;anticipted number of Newton iterations
1500   ;max. number of Newton iterations
0.5d0   ;anticipated update in log cycles
1.0d0   ;maximum update in log cycles
1.d-6   ;convergence tolerance (global system)
'solver settings'
0   ;incomplete factorization level
1500   ;max. number of solver iterations
1   ;solver information level
1.d-7   ;solver residual tolerance
1.d-7   ;solver update tolerance
'done'

! Data Block 8: output control
! ─────────────────────────────
'output control'
'output of spatial data'
4   ;number of output times (spatial data)
0.01 0.1 0.5 1.0   ;specified output times (spatial data)
'output of transient data'
3   ;number of output locations (transient data)
1   ;number of skipped time steps
5 50 99   ;specified output locations
'done'

! Data Block 9: physical parameters - porous medium
! ─────────────────────────────
'physical parameters - porous medium'
2   ;number of property zones

'number and name of zone'
1
'wasser'
0.99   ;porosity
'extent of zone'
0.0 1.0 0.0 1.0 0.0 0.01   ;extent of property zone
'end of zone'

'number and name of zone'

```
2
'mg-top'
0.001                          ;porosity
'extent of zone'
0.0 1.0 0.0 1.0 0.009 0.01     ;extent of property zone
'end of zone'
'done'
```

! Data Block 10: physical parameters - variably saturated flow
! ───

```
'physical parameters - variably saturated flow'

'wasser'
'hydraulic conductivity in z-direction'
1.00000E-16                    ;K_zz
'end of zone'

'mg-top'
'hydraulic conductivity in z-direction'
1.00000E-16                    ;K_zz
'end of zone'
'done'
```

! Data Block 11: physical parameters - reactive transport
! ───

```
'physical parameters - reactive transport'
'diffusion coefficients'
7.5E-9                         ;diffusion coefficient
0.0d0

'wasser'
'longitudinal dispersivity'
0.0                            ;dispersivity
'end of zone'

'mg-top'
'longitudinal dispersivity'
0.0                            ;dispersivity
'end of zone'
'done'
```

! Data Block 12: initial condition - variably saturated flow
! ───

```
'initial condition - variably saturated flow'
1 ;number of zones
```

```
'number and name of zone'
1
'zone 1'
'initial condition'
0
'extent of zone'
0.0 1.0 0.0 1.0 0.009 0.01
'end of zone'
'done'

! Data Block 13: boundary conditions - variably saturated flow
! ─────────────────────────────────────────────
'boundary conditions - variably saturated flow'
1                        ;number of zones

'number and name of zone'
1
'inflow boundary'
'boundary type'
'first' 0.0001            ;hydraulic head
'extent of zone'
0.0 1.0 0.0 1.0 0.009 0.01
'end of zone'
'done'

! Data Block 15: initial condition - reactive transport
! ─────────────────────────────────────────────
'initial condition - reactive transport'
2                        ;number of zones

'number and name of zone'
1
'System Water'
'concentration input'
1.38E-7 'free' 'fe+3'
1.85E-18 'free' 'fe+2'
5.0E-20 'free' 'mg+2'

'mineral input'
5.0000E-08 .true. 'constant'
5.0000E-08 1.95E-20 0.000
'extent of zone'
0.0 1.0 0.0 1.0 0.0 0.009          ;extent of zone
'end of zone'
```

'number and name of zone'
2
'System mg'
'concentration input'
1.40E-7 'free' 'fe+3'
1.85E-8 'free' 'fe+2'
2.3 'free' 'mg+2'
'mineral input'
9.0000E-1 .true. 'constant'
5.0000E-08 25.05E-12 0.000
'extent of zone'
0.0 1.0 0.0 1.0 0.0 0.009   ;extent of zone
'end of zone'
'done'

! Data Block 16: boundary conditions - reactive transport
! ─────────────────────────────────────
'boundary conditions - reactive transport'
1   ;number of zones

'number and name of zone'
1
'upper boundary'
'boundary type'
'first'
'concentration input'
1.20E-7 'free' 'fe+3'
1.85E-9 'free' 'fe+2'
1.0 'free' 'mg+2'
'mineral input'
1.0 .true. 'constant'
5.0000E-1 2.550E-9 0.000
'extent of zone'
0.0 1.0 0.0 1.0 0.009 0.01   ;extent of zone
'end of zone'
'done'

Eintrag aus der "database":
'MG'
'surface'
24.31 1.74
3 'fe+3' -2.0 'mg+2' 1.0 'fe+2' 2.0
'reversible' 0.0000 0.00

Reduktion in Lösung - Zinn(II)-chlorid, Reduktion & Diffusion

! D4 - Eisen(III)-Reduktion in Lösung Sn - Reduktion mit Diffusion
! reactive transport including complexation and dissolution-precipitation reactions

! Data Block 1: global control parameters
! ─────────────────────────────
'global control parameters'
'1D reactive transport - Fe3+ reduction'
.true.   ;varsat_flow
.true.   ;steady_flow
.true.   ;fully_saturated
.true.   ;reactive_transport
'done'

! Data Block 2: geochemical system
! ─────────────────────────────
'geochemical system'
'use new database format'
'database directory'
'/home/.../database'

'components'
3   ;number of components (nc-1)
'fe+3'   ;component names
'fe+2'
'sn+2'

'minerals'
1
'SN'
'done'

! Data Block 3: spatial discretization
! ─────────────────────────────
'spatial discretization'
1   ;number of discretization intervals in x
1   ;number of control volumes in x
0. 0.0126   ;xmin,xmax
1   ;number of discretization intervals in y
1   ;number of control volumes in y
0. 0.0126   ;ymin,ymax
1   ;number of discretization intervals in z
100   ;number of control volumes in z
0. 0.01   ;zmin,zmax
'done'

! Data Block 4: time step control - global system
! ─────────────────────────────
'time step control - global system'
'days'   ;time unit
0.00   ;time at start of solution
0.06d0   ;final solution time
0.001   ;max. time step
0.0000001   ;min. time step
'done'

! Data Block 5: control parameters - local geochemistry
! ─────────────────────────────
'control parameters - local geochemistry'
'newton iteration settings'
1.d-4   ;factor for numerical differentiation
1.d-6   ;convergence tolerance
'maximum ionic strength'
1.0d0   ;max. ionic strength
'minimum activity for h2o'
0.5d0   ;min. activity for h2o
'output time unit'
'days'   ;time unit (local chemistry)
'done'

! Data Block 6: control parameters - variably saturated flow
! ─────────────────────────────
'control parameters - variably saturated flow'
'mass balance'
'input units for boundary and initial conditions'
'hydraulic head'   ;input unit
'solver settings'
0   ;level_vs, incomplete factorization level
1500   ;msolvit_vs, max. number of solver iterations
0   ;idetail_vs, solver information level
1.0d-7   ;restol_vs, solver residual tolerance
1.0d-7   ;deltol_vs, solver update tolerance
'done'

! Data Block 7: control parameters - reactive transport
! ─────────────────────────────
'control parameters - reactive transport'
'mass balance'
'spatial weighting'
'centered'   ;spatial weighting

```
'activity update settings'
'time_lagged'                    ;type of activity update
'tortuosity correction'
'millington'
'newton iteration settings'
1.d-4                            ;increment h for numerical differentiation
12                               ;anticipted number of Newton iterations
1500                             ;max. number of Newton iterations
0.5d0                            ;anticipated update in log cycles
1.0d0                            ;maximum update in log cycles
1.d-6                            ;convergence tolerance (global system)
'solver settings'
0                                ;incomplete factorization level
1500                             ;max. number of solver iterations
1                                ;solver information level
1.d-7                            ;solver residual tolerance
1.d-7                            ;solver update tolerance
'done'
```

! Data Block 8: output control
! ─────────────────────────────

```
'output control'
'output of spatial data'
4                                ;number of output times (spatial data)
0.001 0.01 0.04 0.06  ;specified output times (spatial data)
'output of transient data'
3                                ;number of output locations (transient data)
1                                ;number of skipped time steps
5 50 99                          ;specified output locations
'done'
```

! Data Block 9: physical parameters - porous medium
! ───

```
'physical parameters - porous medium'
2                                ;number of property zones

'number and name of zone'
1
'wasser'
0.99                             ;porosity
'extent of zone'
0.0 1.0 0.0 1.0 0.0 0.01         ;extent of property zone
'end of zone'

'number and name of zone'
```

```
2
'sn-top'
0.001                           ;porosity
'extent of zone'
0.0 1.0 0.0 1.0 0.009 0.01      ;extent of property zone
'end of zone'
'done'
```

! Data Block 10: physical parameters - variably saturated flow
! ───

```
'physical parameters - variably saturated flow'
'wasser'
'hydraulic conductivity in z-direction'
1.00000E-16                     ;K_zz
'end of zone'

'sn-top'
'hydraulic conductivity in z-direction'
1.00000E-16                     ;K_zz
'end of zone'
'done'
```

! Data Block 11: physical parameters - reactive transport
! ───

```
'physical parameters - reactive transport'
'diffusion coefficients'
6.8E-9                          ;diffusion coefficient
0.0d0
'wasser'
'longitudinal dispersivity'
0.0                             ;dispersivity
'end of zone'

'sn-top'
'longitudinal dispersivity'
0.0                             ;dispersivity
'end of zone'
'done'
```

! Data Block 12: initial condition - variably saturated flow
! ───

```
'initial condition - variably saturated flow'
1                               ;number of zones

'number and name of zone'
```

```
1
'zone 1'
'initial condition'
0
'extent of zone'
0.0 1.0 0.0 1.0 0.009 0.01
'end of zone'
'done'

! Data Block 13: boundary conditions - variably saturated flow
! ─────────────────────────────────────────
'boundary conditions - variably saturated flow'
1                          ;number of zones

'number and name of zone'
1
'inflow boundary'
'boundary type'
'first' 0.0001             ;hydraulic head
'extent of zone'
0.0 1.0 0.0 1.0 0.009 0.01
'end of zone'
'done'

! Data Block 15: initial condition - reactive transport
! ─────────────────────────────────────────
'initial condition - reactive transport'
2                          ;number of zones

'number and name of zone'
1
'System Water'
'concentration input'
0.0001 'free' 'fe+3'
1.85E-8 'free' 'fe+2'
5.0E-10 'free' 'sn+2'

'mineral input'
5.0000E-08 .true. 'constant'
5.0000E-08 1.95E-10 0.000
'extent of zone'
0.0 1.0 0.0 1.0 0.0 0.009          ;extent of zone
'end of zone'

'number and name of zone'
```

```
2
'System sn'
'concentration input'
0.000165 'free' 'fe+3'
1.85E-7 'free' 'fe+2'
0.020 'free' 'sn+2'

'mineral input'
9.0000E-1 .true. 'constant'
5.0000E-08 6.8E-8 0.000
'extent of zone'
0.0 1.0 0.0 1.0 0.0 0.009              ;extent of zone
'end of zone'
'done'

! Data Block 16: boundary conditions - reactive transport
! ─────────────────────────────────────────────
'boundary conditions - reactive transport'
1 ;number of zones

!'number and name of zone'
1
'upper boundary'
'boundary type'
'first'
'concentration input'
1.0E-10 'free' 'fe+3'
1.85E-10 'free' 'fe+2'
0.0001 'free' 'sn+2'

'mineral input'
1.0 .true. 'constant'
5.0000E-1 2.5E-8 0.000
'extent of zone'
0.0 1.0 0.0 1.0 0.009 0.01             ;extent of zone
'end of zone'
'done'
```

Eintrag aus der "database":
```
'SN'
'surface'
118.71 7.31
3 'fe+3' -2.0 'sn+2' 1.0 'fe+2' 2.0
'reversible' 0.0000 0.00
```

Abbildungsverzeichnis

2.1 Hahnsches Spinecho. 14
2.2 CPMG Pulssequenz und das NMR Signal. 14
2.3 Inversion Recovery Pulssequenz und das NMR Signal. 15
2.4 Hahnschen Spinechos mit gepulsten Feldgradienten ($\Delta = \tau$). 16
2.5 13-Intervall Impulsfolge ($\Delta = \Delta' + 2\tau$). 16
2.6 Inversion Recovery Spinecho Impulsfolge. 17
2.7 Magnetsysteme der NMR-Spektrometer. (a) FEGRIS NT (b) MARAN DRX. 18

3.1 Stabilitätsdiagramm einiger Eisen-Spezies (nach Scheffer und Schachtschabel (2002)). 21
3.2 Di-oxalato-ferrat(II)-Komplex. 22
3.3 Konzeptualisierung des Modells MIN3P (nach Mayer et al. (2002)). 30

4.1 Abhängigkeit der longitudinalen Relaxationsrate $1/T_1^b$ von der gelösten Sauerstoffkonzentration für destilliertes Wasser + Active O_2 (gefüllte Punkte) im Vergleich zur Nährlösung (Punkte ohne Füllung) bei einer Protonen-Resonanzfrequenz von 9,1 MHz. 36
4.2 Abhängigkeit der longitudinalen Relaxationsrate $1/T_1^b$ von der gelösten Fe^{3+}-Konzentration bei einem pH-Wert von eins bei einer Protonen-Resonanzfrequenz von 125 MHz. 37
4.3 Abhängigkeit der longitudinalen Relaxationsrate $1/T_1^b$ von der totalen Fe^{3+}-Konzentration für die angesäuerte (orange Punkte) und für die nicht-angesäuerte (grüne Punkte) Konzentrationsreihe, Darstellung doppelt-logarithmisch. 38
4.4 Abhängigkeit der longitudinalen Relaxationsrate $1/T_1^b$ von der gelösten Fe^{2+}-Konzentration bei einem pH-Wert von vier bei einer Protonen-Resonanzfrequenz von 125 MHz. 39
4.5 Abhängigkeit der longitudinalen Relaxationsrate $1/T_1$ von der Sauerstoffkonzentration für die Nährlösung im porösen Medium (Glaskugeln der Durchmesser 0,8; 1; 2 und 3 mm) bei einer Protonen-Resonanzfrequenz von 9,1 MHz. .. 41
4.6 Abhängigkeit der longitudinalen Relaxationsrate $1/T_1$ von der gelösten Fe^{3+}-Konzentration im porösen Medium (Glaskugeln mit einem Durchmesser von 0,8 mm) bei einem pH-Wert von eins bei einer Protonen-Resonanzfrequenz von 125 MHz. 42

4.7 Abhängigkeit der longitudinalen Relaxationsrate $1/T_1$ von der gelösten Fe^{2+}-Konzentration im porösen Medium (Glaskugeln mit einem Durchmesser von 2 mm) bei einem pH-Wert von vier bei einer Protonen-Resonanzfrequenz von 125 MHz. 43

4.8 Abhängigkeit der longitudinalen Relaxationsrate $1/T_1^b$ von der Konzentration von Sauerstoff, Eisen(II)- und Eisen(III)-Ionen in Lösung, Darstellung doppelt-logarithmisch. 44

5.1 Probenpräparation der wassergesättigten Sande mit der Säure für die beiden NMR-Spektrometer MARAN DRX und FEGRIS NT. 49

5.2 Die Relaxationszeiten T_1 & T_2 von wassergesättigten Sanden in Abhängigkeit von der mittleren Korngröße d bei einer Protonen-Resonanzfrequenz von 9,1 MHz. 51

5.3 Verteilungen der longitudinalen und transversalen Relaxationszeiten T_1 & T_2 für wassergesättigte Sande der fünf verschiedenen Fraktionen (S1-S5) bei einer Protonen-Resonanzfrequenz von 9,1 MHz. 52

5.4 Die Relaxationszeiten T_1 & T_2 für eine Sandfraktion (S3) nach der Zugabe von verschiedenen Säuremengen bei einer Protonen-Resonanzfrequenz von 9,1 MHz. 53

5.5 Die Relaxationszeiten T_1 (links) und T_2 (rechts) für fünf verschiedene Sandfraktionen vor und nach der Zugabe von Säure, d.h. ohne und mit Eisen(III)-Ionen in der Porenlösung bei einer Protonen-Resonanzfrequenz von 9,1 MHz. 54

5.6 Die T_2-Relaxationszeitverteilungen der Sandfraktion S3 (200-500 μm) nach der Zugabe verschiedener Säuremengen (graue Linie) bei einer Protonen-Resonanzfrequenz von 9,1 MHz. Die schwarze Linie zeigt die T_2-Verteilung vor der Säurezugabe. 54

5.7 T_2-Relaxationszeitverteilungen des Porenwassers in der Sandfraktion S3 (200-500 μm) vor und nach der Zugabe der Säure (graue Linie) und der Base (rote Linie). 56

5.8 Relaxationsrate $1/T_2$ des Porenwassers in der Sandprobe S3 (200-500 μm) in Abhängigkeit von τ^2 in der CPMG-Impulsfolge vor und nach der Zugabe der Säure sowie nach der Zugabe der Base. 56

5.9 Die abgeleiteten Eisen(III)-Konzentrationen nach der Säurezugabe (rechts) aus Messungen der T_1-Relaxationszeit vor und nach der Säurezugabe (links, vgl. Abb. 5.5) für jede der fünf Sandfraktionen. 58

5.10 Die Relaxationsraten $1/T_{1,2}$ in Abhängigkeit von der abgeleiteten Eisen(III)-Konzentrationen (rechts), bestimmt aus Messungen der $T_{1,2}$-Relaxationszeiten nach der Zugabe von fünf verschiedenen Säuremengen (links, vgl. Abb. 5.4) für die Sandfraktion S3 (200-500 μm). 59

5.11 Anstieg in der Eisen(III)-Konzentration nach der Zugabe von Säure (12, 26 & 52 μmol H^+) auf die wassergesättigte Sandprobe (6 g Sand & 1,5 ml Wasser) der Fraktion S3 (200-500 μm), zeitlich aufgelöst während des ersten Tages der Reaktion. 60

5.12 Modellierung des Anstiegs der Eisen(III)-Konzentration nach der Zugabe von Säure aus Abbildung 5.11. 61

5.13 Auswertung der 1D-Messungen - Bestimmung der T_1-Zeiten: links: nach der Fourier-Transformation geht die Information über die Phase der Magnetisierung verloren; rechts: Ergebnis mit dem besten R^2, aus dieser Gleichung wird die T_1-Zeit entnommen. 63

5.14 Auswertung der 1D-Messungen - Zuordnung des Ortes zu den T_1-Zeiten: links: die ersten sechs Zeitschritte einer Messung, mit Hilfe eines Schwellenwertes werden die Probengrenzen bestimmt; rechts: Zuweisung des Ortes in cm für jeden einzelnen Messpunkt. 64

5.15 Auswertung der 1D-Messungen - Bestimmung der T_1-Zeiten und Berechnung der Eisen(III)-Konzentration für jeden Ort. Zu beachten ist, dass in der linken Abbildung das obere Ende der Probe rechts und im rechten Bild links ist. ... 64

5.16 Räumliche Entwicklung der berechneten Eisen(III)-Konzentration in Lösung. Im ersten Versuch (oben) wurden 10 µmol H^+ (HCl) zugegeben, im zweiten Versuch (unten) 4,5 µmol H^+ (H_2SO_4). Das obere Ende der Probe ist links. . 66

6.1 Probenpräparation für die wassergesättigten Sande zuerst mit Säure und dann mit dem Reduktionsmittel für das MARAN DRX. 70

6.2 Abhängigkeit der longitudinalen Relaxationsrate von der angesetzten Eisen(III)-Konzentration während der Oxidation von Eisen(II)- zu Eisen(III)-Ionen in Wasser bei den pH-Werten eins (leere Punkte) & vier (schwarze Punkte). Die schwarze Linie gilt für die Eisen(II)-sulfat-Lösung vor der Oxidation und ist nicht pH-Wert abhängig. 71

6.3 Abnahme der Eisen(III)-Konzentrationen in Lösung mit der Reaktionszeit durch Reduktion der Eisen(III)- zu Eisen(II)-Ionen nach der Zugabe von Magnesiumspänen, ohne Säurezugabe (schwarze Punkte) & mit Säurezugabe vor Reaktionsbeginn (leere Punkte). 73

6.4 Modellierung der Reduktion der Eisen(III)- zu Eisen(II)-Ionen in Wasser durch die Zugabe von Magnesiumspänen; links: Modellierung der nicht angesäuerten Lösung als Ausfall des Minerals Goethit; rechts: Modellierung der angesäuerten Lösung als Reduktion. 74

6.5 Abnahme der Eisen(III)-Konzentration in Lösung mit der Reaktionszeit durch Reduktion der Eisen(III)- zu Eisen(II)-Ionen nach der Zugabe von Zinn(II)-chlorid. 78

6.6 Modellierung der Reduktion der Eisen(III)- zu Eisen(II)-Ionen in Wasser durch die Zugabe von Zinn(II)-chlorid. 79

6.7 Aus der NMR-Relaxationszeit berechnete Abnahme der Eisen(III)-Konzentration in der Porenlösung eines Sandes der Fraktion S3 nach Zugabe einer Base, zeitlich aufgelöst während der ersten 12 Stunden betrachtet. 80

6.8 Räumliche Entwicklung der berechneten gelösten Eisen(III)-Konzentration im Sand S3 nach der Zugabe von Magnesiumspänen (links ist oben). 81

6.9 Räumliche Entwicklung der berechneten gelösten Eisen(III)-Konzentration im Sand S3 nach der Zugabe von Zinn(II)-chlorid (links ist oben). 82

7.1 Skizze des kombinierten Probenröhrchens für die Messung von *Geobacter metallireducens* am FEGRIS NT: Der untere Teil besteht aus einem üblichen NMR-Röhrchen mit einem Außendurchmesser von 7,5 mm, der obere Teil besitzt einen Abschluss von 2 cm Durchmesser. Die Verjüngung in der Mitte dient zum Abschmelzen und somit Teilen des Probenröhrchens. 87

7.2 Verteilungen der transversalen Relaxationszeit T_2 für das LB-Medium und die beiden Bakterienkulturen *Lactobacillus* und *Penicillium*. 88

7.3 T_2-Relaxationszeit in Abhängigkeit von der Zeit seit der Impfung des Fe(III)-Citrat-Mediums mit *Geobacter metallireducens*. 89

7.4 Links: Abhängigkeit der transversalen Relaxationsrate $1/T_2^b$ von der Fe(III)-Citrat - Konzentration im Medium; Rechts: Aus dieser Abhängigkeit berechnete Fe(III)-Citrat - Konzentrationen über die Zeit seit der Impfung aus Abbildung 7.3. 89

7.5 Normierte Diffusionskoeffizienten von Wasser in Medium mit *Geobacter metallireducens* in Abhängigkeit von der Beobachtungszeit Δ. 92

7.6 links: PFG NMR-Signaldämpfungskurven für Medium mit *Geobacter metallireducens* an drei verschiedenen Zeitpunkten nach der Impfung (Δ=20 ms); rechts: Darstellung der berechneten Zeitabhängigkeit der mittleren quadratischen Verschiebung. Die graue Linie entspricht dem erwarteten Verlauf der Zeitabhängigkeit für eine Tortuosität von 1. 92

7.7 links: PFG NMR-Signaldämpfungskurven für freies Wasser und Wasser in einem Ton für Δ=20 ms, rechts: doppelt-logarithmische Darstellung der berechneten Zeitabhängigkeit der mittleren quadratischen Verschiebung für die beiden Proben. Die grauen Linien entsprechen dem erwarteten Verlauf der Zeitabhängigkeit für die angegebenen Tortuositäten von 1 & 1,5. 93

Tabellenverzeichnis

4.1 $1/T_1^b(0)$ und R_1 für die Sauerstoff- und Eisen(II,III)-Lösungen.   37
4.2   pH-Werte der nicht angesäuerten Fe^{3+}-Lösungen.   38
4.3 T_1-Relaxationszeiten von Eisen-Lösungen vor und nach der Oxidation.   40
4.4 $\rho_1 \cdot S/V$ bei einer Sauerstoff-Konzentration von 0 mg/l.   42

5.1   Ergebnisse der Sandanalytik (zusammengestellt aus: Bühmann (2009)). . . .   48
5.2   Auswahl der Parameter für das "kinetically-controlled dissolution-precipitation reaction"-Modell.   50
5.3   Die Korngrößenfraktionen und die mittleren logarithmischen Relaxationszeiten T_1 und T_2 der wassergesättigten Sande (S1-S5).   52
5.4 T_1- und T_2-Relaxationszeiten des Porenwassers in der Sandfraktion S3 (200-500 μm) vor und nach der Zugabe der Säure und der Base.   55
5.5 $R_{1,2}$ der Eisen(III)-Ionen in Lösung.   57
5.6   Ergebnisse für die modellierten Parameter Ratenkonstante K_eff und pH-Wert (Randbedingung) der Sandfraktion S3.   62
5.7   Die T_1/T_2-Verhältnisse für wassergesättigte Sande, Sande nach der Zugabe der Säure (Fe^{3+} in der Porenlösung) und Sande nach der Zugabe der Base.   67

6.1   Ermittelte Werte für die Parameter K_eff, pH-Wert und D für die Modellierung der Eisen(III)-Reduktion durch die Zugabe von Magnesiumspänen. . .   75
6.2   Komplexierung der freien Eisen(III)-Ionen in Oxalaten.   76
6.3   Photolytische Reduktion von Fe^{3+}- zu Fe^{2+}-Oxalatkomplexen.   77
6.4   Reduktion von Fe^{3+}- zu Fe^{2+}-Ionen mit Zinn(II)-chlorid.   77

7.1   Diffusionskoeffizienten D_0 von Wasser in Abhängigkeit von der Temperatur. .   90
7.2   Selbstdiffusionskoeffizienten und normalisierte Selbstdiffusionskoeffizienten der Wassermoleküle in verschiedenen Lösungen bei 25°C.   91

A.1   Verwendete Chemikalien. 111
A.2   Als poröses Medium verwendete Materialien. 111

i want morebooks!

Buy your books fast and straightforward online - at one of world's fastest growing online book stores! Environmentally sound due to Print-on-Demand technologies.

Buy your books online at

www.get-morebooks.com

Kaufen Sie Ihre Bücher schnell und unkompliziert online – auf einer der am schnellsten wachsenden Buchhandelsplattformen weltweit! Dank Print-On-Demand umwelt- und ressourcenschonend produziert.

Bücher schneller online kaufen

www.morebooks.de

VDM Verlagsservicegesellschaft mbH
Heinrich-Böcking-Str. 6-8   Telefon: +49 681 3720 174   info@vdm-vsg.de
D - 66121 Saarbrücken   Telefax: +49 681 3720 1749 www.vdm-vsg.de

Printed by Books on Demand GmbH, Norderstedt / Germany